计算机基础及WPS Office应用

（一级）

主　编/车春兰　邹育鹏

副主编/叶远明　胡丽婷

编　者/周炳福　王保林　李雪娇　郭凯凡

李政伟　马　武　卢方龙

重庆大学出版社

图书在版编目（CIP）数据

计算机基础及WPS Office应用：一级 / 车春兰，邹育鹏主编. -- 重庆：重庆大学出版社，2024. 8（2025.8重印）. ISBN 978-7-5689-4745-9

Ⅰ.TP3

中国国家版本馆CIP数据核字第20248EH068号

JISUANJI JICHU JI WPS OFFICE YINGYONG（YIJI）

计算机基础及 WPS Office 应用（一级）

主　编　车春兰　邹育鹏

副主编　叶远明　胡丽婷

策划编辑：陈一柳

责任编辑：陈一柳　　版式设计：黄俊棚

责任校对：邹　忌　　责任印制：赵　晟

*

重庆大学出版社出版发行

社址：重庆市沙坪坝区大学城西路21号

邮编：401331

电话：（023）88617190　88617185（中小学）

传真：（023）88617186　88617166

网址：http://www.cqup.com.cn

邮箱：fxk@cqup.com.cn（营销中心）

全国新华书店经销

重庆升光电力印务有限公司印刷

*

开本：787mm × 1092mm　1/16　印张：12　字数：249千

2024年8月第1版　　2025年8月第2次印刷

ISBN 978-7-5689-4745-9　定价：38.00元

前言

当今社会，信息技术已经进入人们生活的方方面面，无论是工作、学习还是娱乐，都离不开计算机的支持。掌握计算机基础知识，对于提高人们的信息素养和综合能力至关重要。因此，我们编写了这本计算机基础教程，旨在帮助学生全面了解计算机的基本知识和应用技能，为后续的学习和工作打下坚实的基础。

本书从计算机的基本概念和发展历程入手，详细介绍了计算机硬件、操作系统、办公软件等方面的内容，考虑到中职学生在计算机录入文字方面的能力有限，特别增加了规范打字的知识内容。全书通过图文并茂的讲解和丰富的实例，让学生能够轻松掌握计算机的基本操作和常用技能。同时，本书还注重培养学生的创新能力和实践能力，通过设置实践项目和案例分析，让学生能够学以致用，将所学知识运用到实际工作中。

在编写本书的过程中，我们力求做到深入浅出、通俗易懂，让不同层次的学生都能够理解和接受。同时，我们也注重与时俱进，及时反映计算机技术的最新发展和应用动态，确保学生能够掌握最新的知识和技能。本书结合计算机一级WPS的考试大纲和模拟试题对知识进行讲解，让学生在学习理论知识的同时，通过案例来锻炼实操能力，帮助学生通过计算机等级考证。

本书由车春兰、邹育鹏担任主编，叶远明、胡丽婷担任副主编，参与编写的还有：周炳福、王保林、李雪娇、郭凯凡、李政伟、马武、卢方龙。其中，项目一由李雪娇负责编写，项目二由马武负责编写，项目三由李政伟、王保林、卢方龙负责编写，项目四由邹育鹏、车春兰、叶远明负责编写，项目五由胡丽婷、郭凯凡负责编写，全书图片由周炳福负责整理。

我们相信，通过阅读本书，学生将能够全面提升自己的计算机素养和综合能力，为未来的学习和工作奠定坚实的基础。同时，我们也希望学生能够在学习的过程中不断探索和创新，发掘计算机技术的更多应用潜力和价值。

编　者

2024年5月

目录 CONTENS

项目 一

计算机打字训练

计算机打字技术是计算机操作的一项基本技术，主要包括英文输入技术和中文输入技术。掌握计算机打字技术已经成为新时代人才必备的一项工作能力，也是信息化社会的需求。

通过本项目的学习，应达到的目标如下：

掌握正确的打字姿势；

掌握鼠标的正确操作；

掌握键盘的正确操作；

掌握打字技巧。

任务一　正确的打字姿势

一、保持舒适的姿势

打字时，要保持舒适的姿势：双脚平放在地面上，双手放在键盘上，保持身体和手部的放松，避免长时间坐着产生的不适。

二、正确的坐姿

正确的坐姿对于打字是非常重要的。要坐在直背椅上，保持腰部贴近椅背，脊椎保持挺直，这样才能减少因为长时间打字而导致的腰部不适，如图1-1所示。

图 1-1　正确的坐姿

要保持头正、颈直、身体挺直，双脚平踏在地，身体正对屏幕，调整屏幕高度，使眼睛舒服。

眼睛应平视屏幕，保持30~40cm的距离，每隔10min视线应从屏幕上移开一次。

三、正确的手腕姿势

打字时，手腕要保持放松，不要靠在桌子上，手肘高度和键盘平行，双手要自然垂直放在键盘上，避免过度伸展或弯曲，这样可以减少手部疲劳和损伤。

任务二 认识鼠标

一、认识鼠标的结构

大部分鼠标主要由左键、右键和滚轮（中键）组成，如图1–2所示。

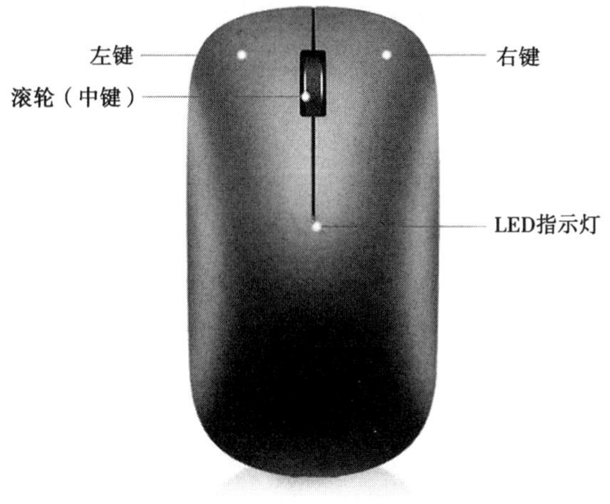

图 1–2 鼠标

二、鼠标的常用功能

鼠标的左键有指向、选定、打开窗口、启动应用程序、拖动窗口等功能。通常单击左键能进行确认，双击左键则可以打开文件或软件。

鼠标右键相当于一个综合功能键，当单击鼠标右键时，会弹出相应的菜单，帮助用户快速执行功能。而右键除了系统自带的菜单，也支持进行自定义。

中间滑轮的操作比较简单，当用户浏览网页或者某个文件的时候，中间的滑轮可以帮助他们上下移动画面。同时，在浏览网页时，如果打开了太多的标签页，也可以将光标放在标签上，通过滚动滑轮快速切换当前网页。

鼠标中键也可以单击，通常用于打开链接、在新标签页中打开链接、粘贴文本等操作。

三、鼠标的具体操作

（1）指向

鼠标指向，也被称为移动光标，是指在不按任何鼠标按键的情况下，移动鼠标指针到某个对象，如图标、按钮或文件等。当鼠标指针在某个对象上停留1~2s后，通常可以看到相应的提示信息。此外，鼠标指向还具有选中作用，即当鼠标指针在某个对象上停留时，可以单击鼠标左键进行选中操作。

（2）单击

单击是鼠标的一次动作，即用点击鼠标左键或右键一次的动作称为“单击”（这里的点击一次是指按下键和松开键这一整个的过程）。在图标上，通常（默认）单击左键用于选定（按下 Shift 可连续重复选定、按下 Ctrl 键可不连续重复选定）。

（3）双击

双击，常指在计算机运用中连续两次点击鼠标的动作。双击图标通常用于直接打开文件、运行程序等。

（4）右击

鼠标右击，即点击鼠标右键一次的动作，通常用于执行如复制、粘贴以及重命名等操作。

（5）拖动

鼠标拖动是指使用鼠标左键点击并按住某个对象（如文件、图标、文本等），然后将其拖动到目标位置并释放鼠标左键的操作。

任务三　认识键盘

一、键盘的结构

键盘分为主键盘区、功能键区、控制键区、数字键区和状态指示区5个区，如图1-3所示。

图 1-3　键盘分区

二、键盘的常用键

键盘的常用键有Tab、Shift、Ctrl、Enter等，如图1-4所示，键盘上的常用快捷键及其功能见表1-1 。

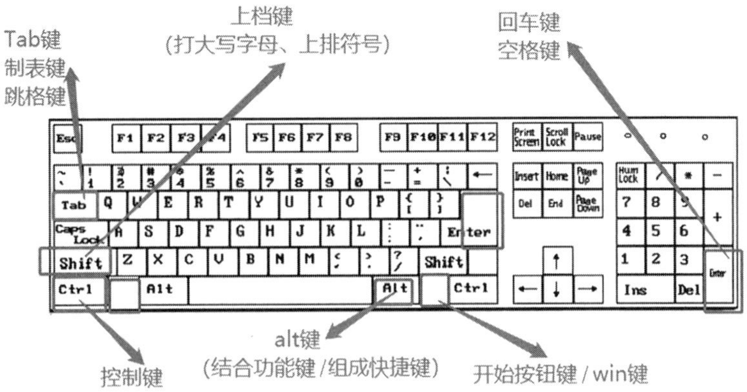

图 1-4　常用键

表 1-1　常用快捷键及其功能

常用快捷键	功能
Alt	互换键
Ctrl	控制键
Shift	上档键
Enter	回车（确定）
Capslock	英文大小写切换
Esc	退出
Delete	删除
Shift+Delete	永久删除
Win	“开始 " 菜单
PrtSc	全屏截屏
Alt+Shift+S	截屏
Win+R	打开运行窗口
F4	常用于 EXCEL 中的绝对引用
F5	刷新当前页面
Ctrl+O	打开文件
Ctrl+N	新建文件
Ctrl+S	保存
Ctrl+W/Alt+F4	关闭文件

续表

常用快捷键	功能
Ctrl+C	复制
Ctrl+V	粘贴
Ctrl+X	剪贴
Ctrl+Z	撤销（返回）
Ctrl+Y	重做（恢复）
Ctrl+A	全选
Ctrl+B	加粗
Ctrl+I	倾斜
Ctrl+U	下划线
Ctrl+F	查找
Ctrl+H	替换
Ctrl+P	打印
Ctrl+ 空格	中英文切换
Ctrl+Shift	输入法切换

任务四　打字训练

可以使用金山打字通进行打字练习，具体步骤如下。

①打开金山打字通，进入系统界面，如图1–5所示。

图 1–5　金山打字通

注意:
没有基础的同学可以选择“新手入门”。

②输入昵称并勾选同意复选框，如图1–6所示。

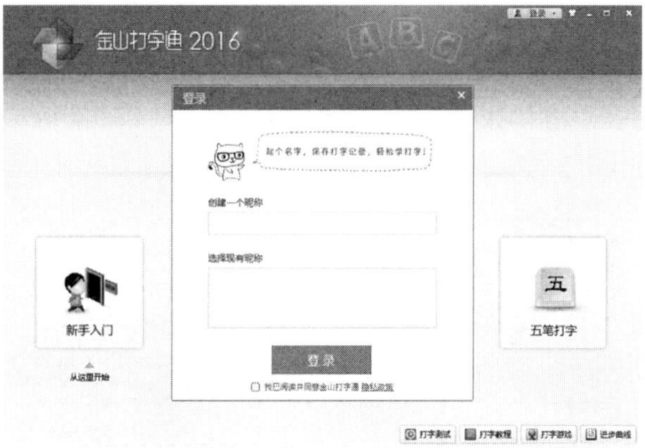

图 1–6　创建金山打字通账号

③根据实际情况选择模式，有基础的同学可选择自由模式，如图1–7所示。

图 1–7　选择打字模式

④没有基础的同学从打字常识开始按步骤进行训练，如图1–8所示。

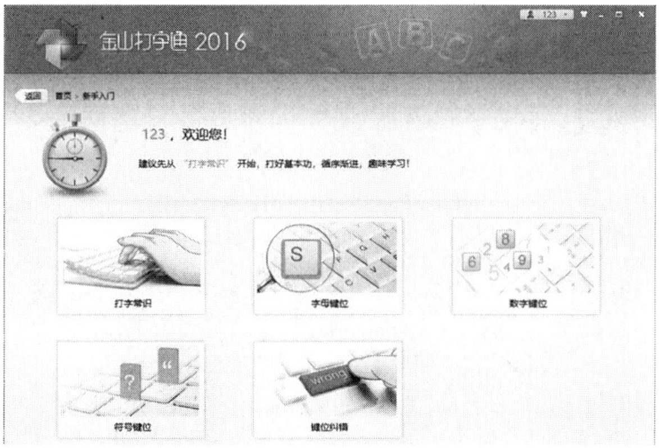

图 1–8　新手入门

⑤识记8个基准键，如图1–9所示。

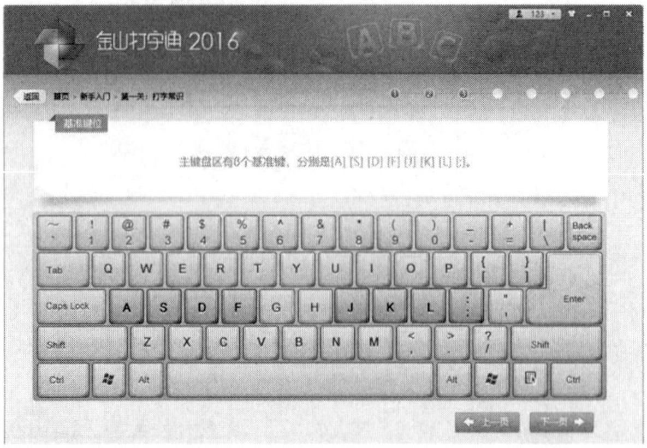

图 1–9　8 个基准键

⑥按基准键位的要求，将手指放在对应的键盘上，如图1–10所示。其中，基准键的凸起标志如图1–11所示。

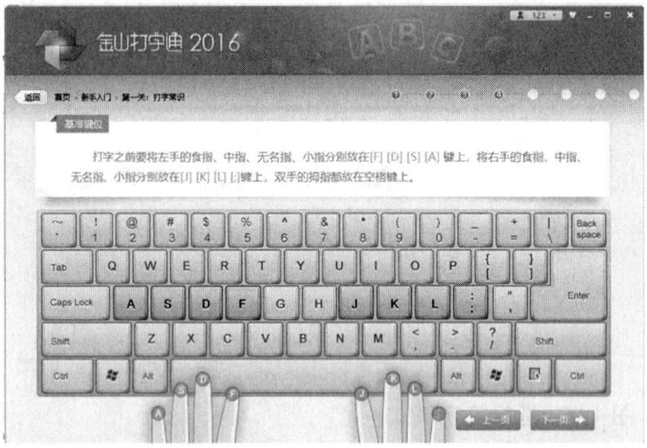

图 1–10　固定指位

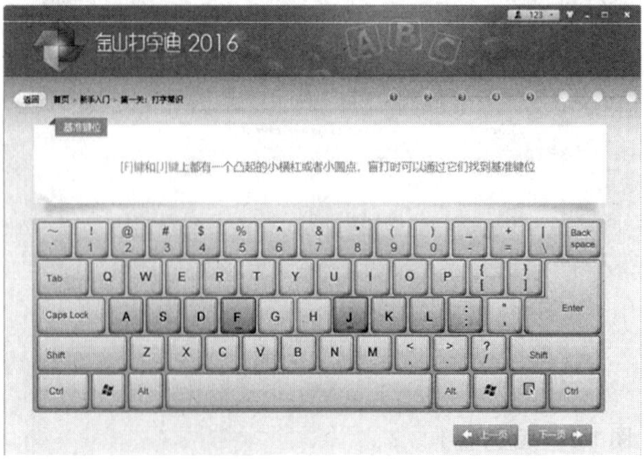

图 1–11　基准键的凸起标志

⑦打字时双手的十个手指都有明确的分工，如图1–12所示。

图 1–12　手指打字责任分区

⑧键盘指示灯Num Lock对应数字锁、Caps Lock对应大小写锁（指示灯亮时为大写）、Scroll Lock对应屏幕滚动锁，当指示灯亮时方可使用对应功能，如图1–13所示。

图 1–13　小键盘

⑨右手练习小键盘（数字键盘）的使用，如图1–14所示。

图 1–14　小键盘分区练习

项目习题

1.下列属于计算机打字的基本要素是（　　）。

A.手指的灵活度和敏捷度　　B.键盘的质量和手感

C.打字速度和打字准确度　　D.人的反应速度和注意力集中程度

2.在计算机打字中，下列是实现打字准确度的重要方法是（　　）。

A.提高手指的灵活度和敏捷度　　B.使用优质的键盘设备

C.加强对键位的记忆　　D.提高反应速度和注意力集中程度

3.下列情况属于计算机打字速度计算中错误的是（　　）。

A.打字速度为60字/分钟　　B.打字速度为80字/分钟

C.打字速度为100字/分钟　　D.打字速度为120字//小时

4.在计算机打字中，（　　）是降低打字速度的常见问题。

A.手指协调性差　　B.键盘键位摆放不合理

C.打字姿势不正确　　D.缺乏拿捏力和节奏感

5.键盘分为（　　）。

A.主键盘区、功能键区、控制键区、数字键区和状态指示区五个区

B.主键盘区、功能键区、控制键区、数字键区四个区

C.字母键区、功能键区、控制键区、数字键区和状态指示区五个区

D.主键盘区、功能键区、状态指示区、数字键区四个区

6.（　　）位于键盘的最上方，包括Esc和F1—F12键，这些按键用于完成一些特定的功能。

A.主键盘区　　B.功能键区　　C.控制键区　　D.数字键区

7.（　　）位于键盘的右侧，又称为“小键盘区”，包括数字键和常用的运算符号键，这些按键主要用于输入数字和运算符号。

A.主键盘区　　B.功能键区　　C.控制键区　　D.数字键区

8.（　　）位于数字键区的上方，包括3个状态指示灯，用于提示键盘的工作状态。

A.功能盘区　　B.状态指示区　　C.控制键区　　D.数字键区

9.中英文切换的快捷键是（　　）。

A.Caps Lock　　B.Ctrl+Shift　　C.Ctrl+空格　　D.CtrL+AIt

项目二

了解计算机

计算机是人类历史上伟大的发明之一，它对人类的生活、学习和工作产生了巨大的影响。计算机是一门科学，也是一种自动、高速、精确地对信息进行存储、传送与加工处理的工具。了解计算机的历史和基础知识非常必要。

通过本项目的学习，应达到的目标如下：

了解计算机的发展历史和应用领域；

了解计算机中的信息表示方式和字符编码方式；

了解计算机系统的基本组成与性能指标。

任务一　计算机的发展及其应用

一、计算机的产生和发展

计算机的产生源于人类对信息处理速度和准确度的不断追求。早期，人们使用算盘、计算尺等工具进行简单的计算，但这些工具在面对复杂的数学运算和数据处理时显得力不从心。于是，科学家们开始探索利用电子技术来构建能够执行复杂运算的机器，这就是计算机的雏形。世界上公认的首台电子计算机是1946年由美国宾夕法尼亚大学研制成功的“电子数字积分计算机”ENIAC（Electronic Numerical Integrator and Computor），如图2–1所示。

图2–1　世界上首台计算机ENIAC

计算机的发展历史可以分为四个阶段，每个阶段都有其独有的特征和技术进步，见表2–1。

表2–1　计算机发展的四个阶段

四个阶段	第一代（1946–1959年）	第二代（1959–1964年）	第三代（1964–1972年）	第四代（1972年至今）
主要元器件	电子管	晶体管	中小规模集成电路	大规模超大规模集成电路
内存	汞延迟线	磁芯存储器	半导体存储器	半导体存储器

续表

四个阶段	第一代（1946–1959 年）	第二代（1959–1964 年）	第三代（1964–1972 年）	第四代（1972 年至今）
外存储器	穿孔卡片、纸带	磁带	磁带、磁盘	磁带、磁盘、光盘等大容量存储器
处理速度（每秒指令数）	几千条	几万至几十万条	几十万至几百万条	上千万至万亿条

从 1953 年 1 月我国成立第一个电子计算机科研小组到今天，我国计算机科研人员已走过了近五十年艰苦奋斗、开拓进取的历程。从国外封锁条件下的仿制、跟踪、自主研制到改革开放形势下的与“狼”共舞，同台竞争；从面向国防建设、为“两弹一星”做贡献到面向市场为产业化提供技术源泉，科研工作者为国家作出了不可磨灭的贡献，树立一个又一个永载史册的里程碑，见表 2–2。

表 2–2　我国计算机发展阶段

发展阶段	第一代（1958–1964 年）	第二代（1965–1972 年）	第三代（1973–80 年代初）	第四代（80 年代中期至今）
主要元器件	电子管	晶体管	中小规模集成电路	大规模超大规模集成电路
历史事件	研制两弹一星	—	—	神威·太湖之光

如今，计算机技术已经进入人们生活的方方面面，成为现代社会不可或缺的重要工具。

二、计算机的发展趋势

随着计算机技术的不断发展，计算机在巨型化、微型化、网络化和智能化等方向也得到了很大的发展。未来，计算机技术的发展将呈现出以下几个明显的趋势。

1. 智能化

随着人工智能技术的快速发展，计算机将具备更强大的学习和推理能力，能够模拟人类的思维和行为，实现更加智能化的应用。

2. 云计算

云计算技术将使计算资源更加集中和高效地被利用，用户可以通过互联网随时随地访问共享的计算资源，实现数据的远程存储和处理。

3. 物联网

物联网技术使各种设备和物体都能够连接到互联网，实现信息的互通和共享。这使计算机能够更好地与其他设备和物体进行交互，实现更加智能化的控制和管理。物联网产业的十大应用领域如图 2–2 所示。

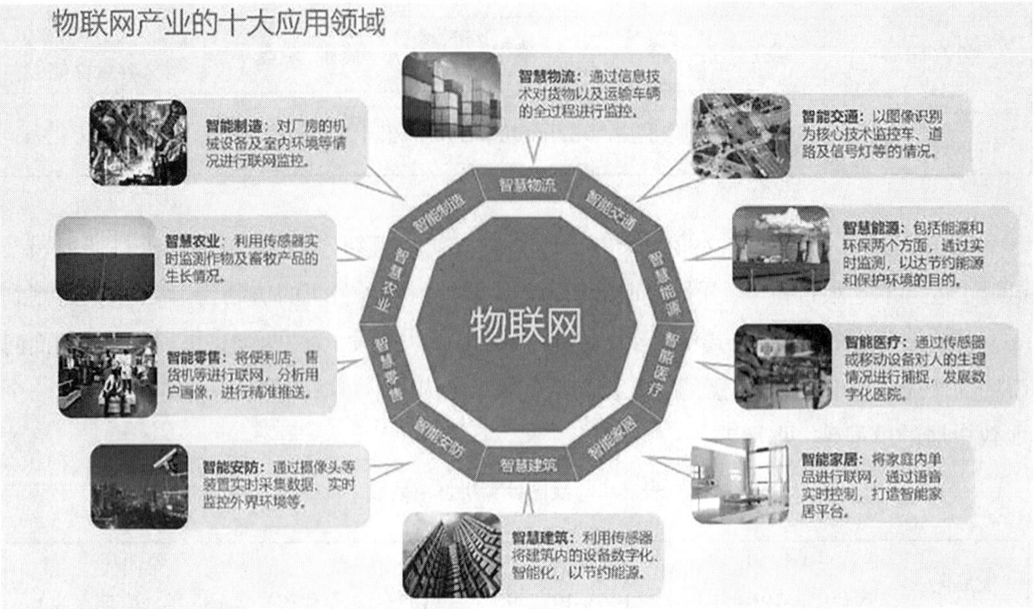

图 2–2　物联网产业的十大应用领域

三、计算机的特点

计算机作为一种信息处理工具，具有以下几个显著的特点。

1. 运算速度快

计算机采用高速的处理器和大容量的内存，能够在极短的时间内完成大量的数学运算和数据处理任务。

2. 存储容量大

计算机可以存储大量的数据和程序，用户可以根据需要随时添加、删除或修改这些信息。

3. 自动化程度高

计算机可以按照预设的程序自动执行各种任务，无须人工干预。这使计算机在处理大量重复性或规律性任务时具有显著的优势。

4. 精度高

计算机采用二进制数进行运算和存储，能够确保数据的精确性和可靠性。

四、计算机的分类与应用领域

根据不同的分类标准，计算机可以分为多种类型，并在不同领域发挥着重要作用。

1. 计算机的分类

按照规模和处理能力，计算机可以分为巨型机、大型机、小型机、微型机等。这些不同类型的计算机在性能、价格和应用范围上各有特点，适用于不同的场景和需求。

2. 计算机的应用领域

计算机的应用领域非常广泛，几乎涵盖了人类社会的方方面面。在科学计算领域，计算机可以用于解决复杂的数学问题、进行模拟实验和预测分析等；在数据处理领域，计算机可以用于数据的收集、整理、分析和可视化等；在自动控制领域，计算机可以用于实现各种自动化设备和系统的控制和监测；在辅助设计领域，计算机可以用于产品设计、制图和模拟等；在人工智能领域，计算机可以用于语音识别、图像识别、自然语言处理等方面。图 2–3 为使用超级计算机模拟黑洞的合并过程。

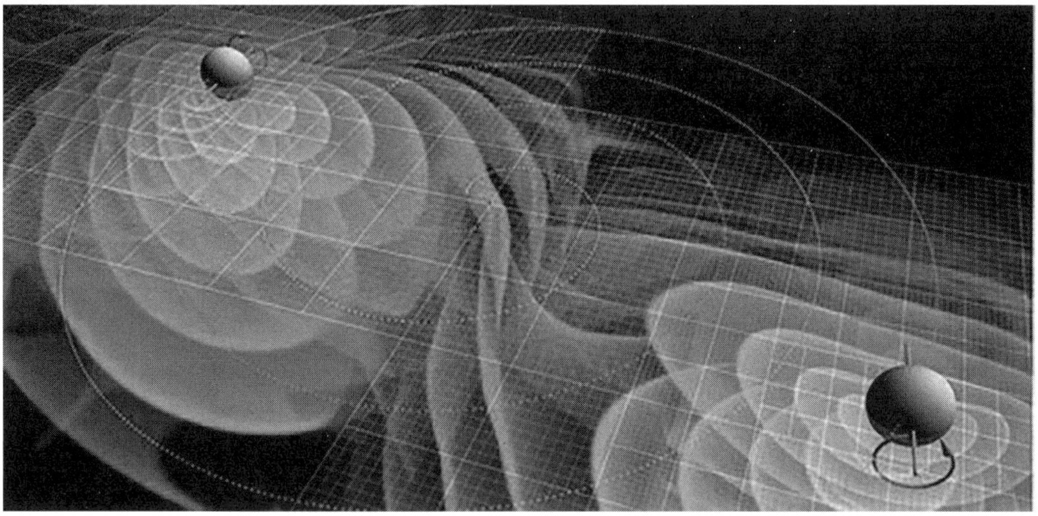

图 2–3 超级计算机模拟黑洞合并过程

3. 中国超级计算机的发展史

1983 年，我国第一台亿次超级计算机“银河一号”研发成功，这是我国超级计算机研制的一个里程碑，也让我国成为继美国、日本后世界上第三个能够独立设计和制造超级计算机的国家。

2009 年，我国“天河一号”千万亿次超级计算机研制成功，使我国成为世界上第二个成功研制千万亿次超级计算机的国家。

2010 年，我国自主研发的“星云”千万亿次计算机在第三十五届超级计算机 TOP500 排行榜荣获第二名的佳绩，进入世界超级计算机的前三名。

2011 年，我国“天河 –1A”超级计算机运算速度世界排行榜第一位，“神威·蓝光”率先完成 CPU 国产化。

2018 年，我国累计有三台超级计算机进入了 E 级（每秒运算一百亿亿次）超算研发，分别是“曙光”“天河”和“神威太湖之光”，并实现了 CPU 和加速器的全面国产化。

2019 年，全球超级计算机 TOP500 排行榜显示中国超级计算机有 226 台进入了榜单，占比达到 45.2%，在数量上超过了美国。

2022 年，“神威太湖之光”进入 TOP500 榜单的第六名。

任务二　信息在计算机中的表示

在计算机科学中，信息的表示是至关重要的一环。它决定了信息如何被存储、处理和传输。在计算机内部，所有的信息，无论是文字、数字、图片还是声音，都必须转换为一种计算机能够理解和操作的形式。

信息在计算机中的表示主要基于二进制编码。计算机中的信息表示的基本单位是比特（bit），它可以是 0 或 1 两种状态，每 8 个比特组成一个字节（Byte），字节是计算机中信息存储的基本单位，更大的存储单位包括千字节（kB，1kB=1024Byte）、兆字节（MB，1MB=1024kB）、千兆字节（GB，1GB=1024MB）等，这些单位基于 2 的幂次方，体现了计算机中信息表示的二进制基础。计算机不仅要处理数值信息，还要处理文字、符号、图形、图像和声音等非数值信息，对这些信息的处理基于特定的编码系统，如 ASCII 码用于表示英文字符，汉字内码用于表示中文等。所有这些信息最终都被转换成二进制数形式进行存储和处理，这是因为二进制数的抗干扰能力强，可靠性高，而且每位数据位只有高低两个状态，这就跟计算机内部的逻辑电路一致，便于进行位运算。

一、进位计数制

进位计数制，又称数制，是用一组固定的数字符号和统一的规则来表示数值的方法。在计算机中，常用的进位计数制包括二进制、八进制、十进制和十六进制。

1. 二进制（Binary）

二进制数制仅包含两个数字符号：0 和 1。每一位上的数码只能是 0 或 1，逢二进一。二进制是计算机内部表示信息的基础，因为计算机中的所有信息最终都转化为二进制形式进行存储和处理。

2. 八进制（Octal）

八进制数制包含八个数字符号：0—7。每一位上的数码可以是 0—7 中的任意一个，逢八进一。八进制在计算机中不常用，但在某些场合下，如表示某些特定数据或简化某些计算时，八进制可以作为一种方便的中间表示形式。

3. 十进制（Decimal）

十进制是我们日常生活中最常用的数制，包含十个数字符号：0—9。每一位上的数码可以是 0—9 中的任意一个，逢十进一。

4. 十六进制（Hexadecimal）

十六进制数制包含十六个数字符号：0—9 和 A—F（或 a—f）。每一位上的数码可以是 0—9 或 A—F 中的任意一个，逢十六进一。十六进制在计算机中常用于表示内存地址和机器码，因为它可以用较短的位数表示较大的数值范围。

二、不同进位计数制间的转换

在计算机中处理信息时，经常需要在不同的进位计数制之间进行转换。下面举例说明二进制、八进制、十进制和十六进制之间的转换过程。

1. 二进制转十进制

二进制数转换为十进制数的方法是通过逐位乘以 2 的幂来实现的。

从二进制数的最右边开始，即从最低位（最右边的“1”）开始。将该位上的数字乘以 2 的（n−1）次方，其中 n 是该位在二进制数中的位置（从右向左数，第一位是 2 的 0 次方，第二位是 2 的 1 次方，以此类推）。将所有位的乘积相加，得到十进制数。

【例 1】将二进制数$(10110.1)_2$转换为十进制数。

转换过程：

$$(10110.1)_2=1\times2^4+0\times2^3+1\times2^2+1\times2^1+0\times2^0+1\times2^{-1}$$

$$=16+0+4+2+0+0.5$$

$$=22.5$$

2. 十进制转二进制

将十进制数转换为二进制数的方法有多种，以下介绍其中一种“除二取余法”：首先将十进制数除以 2，得到商和余数；然后将商再次除以 2，得到新的商和余数；这个过程重复进行，直到商为 0。最后，将余数从右到左排列起来，就得到了二进制数。

【例 2】将十进制数 44.5 转换为二进制数。

转换过程（整数部分）：

44÷2=22 余 0

22÷2=11 余 0

11÷2=5 余 1

5÷2=2 余 1

2÷2=1 余 0

1÷2=0 余 1

将余数从低位到高位依次排列，得到整数部分的二进制表示：101100

转换过程（小数部分）：

0.5×2=1.0，取整数部分 1

将整数部分从高位到低位依次排列，得到小数部分的二进制表示：.1。

合并整数部分和小数部分，得到$(44.5)_{10}=(101100.1)_2$。

3. 二进制转十六进制

二进制数转换为十六进制数的基本方法是将二进制数按照每四位一组进行分组，然后将每个分组转换为对应的十六进制数。如果二进制数的最高位或最低位不足四位，需要在其左边或右边补零，以确保每个分组都有四位。

从二进制数的最右边开始，每四位一组进行分组，如果最左边的组不足四位，则在左边补零。将每个分组转换为对应的十六进制数，将所有转换后的十六进制数连接起来，即得到最终的十六进制表示。

【例 3】将二进制数$(101101011010.11)_2$转换为十六进制数。

转换过程：

将二进制数从低位开始，每四位分为一组（不足四位的前面补 0），得到：1011 0101 1010.1100

将每组二进制数转换为对应的十六进制数：B5A.C

得到十六进制数：$(\text{B5A.C})_{16}$

4. 十六进制转二进制

十六进制转二进制的方法是按位转换，即将十六进制数的每一位转换为对应的四位二进制数，然后连接起来即可。

【例 4】将十六进制数 $(\text{5ABD.C})_{16}$转换为二进制数。

转换过程：

将十六进制数中的每一位分别转换为四位二进制数：

5 → 0101

A → 1010

B → 1011

D → 1101

C → 1100

合并这些二进制数，得到 $(101101010111101.11)_2$

三、信息编码

在计算机科学中，信息编码是一种将字符、数字、图像、声音等信息转换为计算机能够识别和处理的形式的过程。其中，ASCII 码和 GB2312 编码是两种最常见的字符编码方式。

1.ASCII 码

ASCII（American Standard Code for Information Interchange）码，即美国信息交换标准代码，是计算机中最常用的一种字符编码方式。它最初由美国国家标准学会（ANSI）于 1963 年发布，后来被国际标准化组织（ISO）接受为国际标准 ISO 646。

ASCII 码使用 7 位二进制数（0—127）来表示 128 个字符，包括控制字符（如换行、回车、制表符等）和可打印字符（如数字、字母、标点符号等）。具体来说，ASCII 码值在 0—31 的字符为控制字符，主要用于控制计算机的操作；ASCII 码值在 32—126 的字符为可打印字符，用于显示和表达文本内容。在 ASCII 码表中，根据码值由小到大的排列顺序是：空格字符、数字符、大写英文字母、小写英文字母，如图 2-4 所示。

<table>
<tr><th colspan="3">ASCII值</th><th rowspan="2">控制字符</th><th colspan="3">ASCII值</th><th rowspan="2">控制字符</th><th colspan="3">ASCII值</th><th rowspan="2">控制字符</th><th colspan="3">ASCII值</th><th rowspan="2">控制字符</th></tr>
<tr><th>二</th><th>十</th><th>十六</th><th>二</th><th>十</th><th>十六</th><th>二</th><th>十</th><th>十六</th><th>二</th><th>十</th><th>十六</th></tr>
<tr><td>0000 0000</td><td>0</td><td>00</td><td>NUL（空字符）</td><td>0010 0000</td><td>32</td><td>20</td><td>SPACE（空格）</td><td>0100 0000</td><td>64</td><td>40</td><td>@</td><td>0110 0000</td><td>96</td><td>60</td><td>、</td></tr>
<tr><td>0000 0001</td><td>1</td><td>01</td><td>SOH（标题开始）</td><td>0010 0001</td><td>33</td><td>21</td><td>!</td><td>0100 0001</td><td>65</td><td>41</td><td>A</td><td>0110 0001</td><td>97</td><td>61</td><td>a</td></tr>
<tr><td>0000 0010</td><td>2</td><td>02</td><td>STX（正文开始）</td><td>0010 0010</td><td>34</td><td>22</td><td>”</td><td>0100 0010</td><td>66</td><td>42</td><td>B</td><td>0110 0010</td><td>98</td><td>62</td><td>b</td></tr>
<tr><td>0000 0011</td><td>3</td><td>03</td><td>ETX（正文结束）</td><td>0010 0011</td><td>35</td><td>23</td><td>#</td><td>0100 0011</td><td>67</td><td>43</td><td>C</td><td>0110 0011</td><td>99</td><td>63</td><td>c</td></tr>
<tr><td>0000 0100</td><td>4</td><td>04</td><td>EOT（传输结束）</td><td>0010 0100</td><td>36</td><td>24</td><td>$</td><td>0100 0100</td><td>68</td><td>44</td><td>D</td><td>0110 0100</td><td>100</td><td>64</td><td>d</td></tr>
<tr><td>0000 0101</td><td>5</td><td>05</td><td>ENQ（询问请求）</td><td>0010 0101</td><td>37</td><td>25</td><td>%</td><td>0100 0101</td><td>69</td><td>45</td><td>E</td><td>0110 0101</td><td>101</td><td>65</td><td>e</td></tr>
<tr><td>0000 0110</td><td>6</td><td>06</td><td>ACK（收到通知）</td><td>0010 0110</td><td>38</td><td>26</td><td>&</td><td>0100 0110</td><td>70</td><td>46</td><td>F</td><td>0110 0110</td><td>102</td><td>66</td><td>f</td></tr>
<tr><td>0000 0111</td><td>7</td><td>07</td><td>BEL（响铃）</td><td>0010 0111</td><td>39</td><td>27</td><td>,</td><td>0100 0111</td><td>71</td><td>47</td><td>G</td><td>0110 0111</td><td>103</td><td>67</td><td>g</td></tr>
<tr><td>0000 1000</td><td>8</td><td>08</td><td>BS（退格）</td><td>0010 1000</td><td>40</td><td>28</td><td>(</td><td>0100 1000</td><td>72</td><td>48</td><td>H</td><td>0110 1000</td><td>104</td><td>68</td><td>h</td></tr>
<tr><td>0000 1001</td><td>9</td><td>09</td><td>HT（水平制表）</td><td>0010 1001</td><td>41</td><td>29</td><td>)</td><td>0100 1001</td><td>73</td><td>49</td><td>I</td><td>0110 1001</td><td>105</td><td>69</td><td>i</td></tr>
<tr><td>0000 1010</td><td>10</td><td>0A</td><td>LF（换行）</td><td>0010 1010</td><td>42</td><td>2A</td><td>*</td><td>0100 1010</td><td>74</td><td>4A</td><td>J</td><td>0110 1010</td><td>106</td><td>6A</td><td>j</td></tr>
<tr><td>0000 1011</td><td>11</td><td>0B</td><td>VT（垂直制表）</td><td>0010 1011</td><td>43</td><td>2B</td><td>+</td><td>0100 1011</td><td>75</td><td>4B</td><td>K</td><td>0110 1011</td><td>107</td><td>6B</td><td>k</td></tr>
<tr><td>0000 1100</td><td>12</td><td>0C</td><td>FF（换页）</td><td>0010 1100</td><td>44</td><td>2C</td><td>,</td><td>0100 1100</td><td>76</td><td>4C</td><td>L</td><td>0110 1100</td><td>108</td><td>6C</td><td>l</td></tr>
<tr><td>0000 1101</td><td>13</td><td>0D</td><td>CR（回车）</td><td>0010 1101</td><td>45</td><td>2D</td><td>-</td><td>0100 1101</td><td>77</td><td>4D</td><td>M</td><td>0110 1101</td><td>109</td><td>6D</td><td>m</td></tr>
<tr><td>0000 1110</td><td>14</td><td>0E</td><td>SO（移位输出）</td><td>0010 1110</td><td>46</td><td>2E</td><td>.</td><td>0100 1110</td><td>78</td><td>4E</td><td>N</td><td>0110 1110</td><td>110</td><td>6E</td><td>n</td></tr>
<tr><td>0000 1111</td><td>15</td><td>0F</td><td>SI（移位输入）</td><td>0010 1111</td><td>47</td><td>2F</td><td>/</td><td>0100 1111</td><td>79</td><td>4F</td><td>O</td><td>0110 1111</td><td>111</td><td>6F</td><td>o</td></tr>
<tr><td>0001 0000</td><td>16</td><td>10</td><td>DLE（数据链路转义）</td><td>0011 0000</td><td>48</td><td>30</td><td>0</td><td>0101 0000</td><td>80</td><td>50</td><td>P</td><td>0111 0000</td><td>112</td><td>70</td><td>p</td></tr>
<tr><td>0001 0001</td><td>17</td><td>11</td><td>DCI（设备控制1）</td><td>0011 0001</td><td>49</td><td>31</td><td>1</td><td>0101 0001</td><td>81</td><td>51</td><td>Q</td><td>0111 0001</td><td>113</td><td>71</td><td>q</td></tr>
<tr><td>0001 0010</td><td>18</td><td>12</td><td>DC2（设备控制2）</td><td>0011 0010</td><td>50</td><td>32</td><td>2</td><td>0101 0010</td><td>82</td><td>52</td><td>R</td><td>0111 0010</td><td>114</td><td>72</td><td>r</td></tr>
<tr><td>0001 0011</td><td>19</td><td>13</td><td>DC3（设备控制3）</td><td>0011 0011</td><td>51</td><td>33</td><td>3</td><td>0101 0011</td><td>83</td><td>53</td><td>X</td><td>0111 0011</td><td>115</td><td>73</td><td>s</td></tr>
<tr><td>0001 0100</td><td>20</td><td>14</td><td>DC4（设备控制4）</td><td>0011 0100</td><td>52</td><td>34</td><td>4</td><td>0101 0100</td><td>84</td><td>54</td><td>T</td><td>0111 0100</td><td>116</td><td>74</td><td>t</td></tr>
<tr><td>0001 0101</td><td>21</td><td>15</td><td>NAK（拒绝接收）</td><td>0011 0101</td><td>53</td><td>35</td><td>5</td><td>0101 0101</td><td>85</td><td>55</td><td>U</td><td>0111 0101</td><td>117</td><td>75</td><td>u</td></tr>
<tr><td>0001 0110</td><td>22</td><td>16</td><td>SYN（同步空闲）</td><td>0011 0110</td><td>54</td><td>36</td><td>6</td><td>0101 0110</td><td>86</td><td>56</td><td>V</td><td>0111 0110</td><td>118</td><td>76</td><td>v</td></tr>
<tr><td>0001 0111</td><td>23</td><td>17</td><td>ETB（传输块结束）</td><td>0011 0111</td><td>55</td><td>37</td><td>7</td><td>0101 0111</td><td>87</td><td>57</td><td>W</td><td>0111 0111</td><td>119</td><td>77</td><td>w</td></tr>
<tr><td>0001 1000</td><td>24</td><td>18</td><td>CAN（取消）</td><td>0011 1000</td><td>56</td><td>38</td><td>8</td><td>0101 1000</td><td>88</td><td>58</td><td>X</td><td>0111 1000</td><td>120</td><td>78</td><td>x</td></tr>
<tr><td>0001 1001</td><td>25</td><td>19</td><td>EM（介质中断）</td><td>0011 1001</td><td>57</td><td>39</td><td>9</td><td>0101 1001</td><td>89</td><td>59</td><td>Y</td><td>0111 1001</td><td>121</td><td>79</td><td>y</td></tr>
<tr><td>0001 1010</td><td>26</td><td>1A</td><td>SUB（换置）</td><td>0011 1010</td><td>58</td><td>3A</td><td>:</td><td>0101 1010</td><td>90</td><td>5A</td><td>Z</td><td>0111 1010</td><td>122</td><td>7A</td><td>z</td></tr>
<tr><td>0001 1011</td><td>27</td><td>1B</td><td>ESC（退出）</td><td>0011 1011</td><td>59</td><td>3B</td><td>;</td><td>0101 1011</td><td>91</td><td>5B</td><td>[</td><td>0111 1011</td><td>123</td><td>7B</td><td>{</td></tr>
<tr><td>0001 1100</td><td>28</td><td>1C</td><td>FS（文件分割符）</td><td>0011 1100</td><td>60</td><td>3C</td><td><</td><td>0101 1100</td><td>92</td><td>5C</td><td>/</td><td>0111 1100</td><td>124</td><td>7C</td><td>|</td></tr>
<tr><td>0001 1101</td><td>29</td><td>1D</td><td>GS（分组符）</td><td>0011 1101</td><td>61</td><td>3D</td><td>=</td><td>0101 1101</td><td>93</td><td>5D</td><td>]</td><td>0111 1101</td><td>125</td><td>7D</td><td>}</td></tr>
<tr><td>0001 1110</td><td>30</td><td>1E</td><td>RS（记录分隔符）</td><td>0011 1110</td><td>62</td><td>3E</td><td>></td><td>0101 1110</td><td>94</td><td>5E</td><td>ˆ</td><td>0111 1110</td><td>126</td><td>7E</td><td>~</td></tr>
<tr><td>0001 1111</td><td>31</td><td>1F</td><td>US（单元分隔符）</td><td>0011 1111</td><td>63</td><td>3F</td><td>?</td><td>0101 1111</td><td>95</td><td>5F</td><td>—</td><td>0111 1111</td><td>127</td><td>7F</td><td>DEL（删除）</td></tr>
</table>

图 2-4 ASCII 码表

ASCII 码由于其简单性和通用性，在计算机系统中得到了广泛的应用。然而，由于它只能表示 128 个字符，对于一些需要表示更多字符的场景（特别是非英语字符），就显得力不从心。因此，人们又开发了其他编码方式，如 GB2312 编码。

2.GB2312 编码

GB2312 编码是第一个汉字编码国家标准，由中国国家标准总局于 1980 年发布，1981 年 5 月 1 日开始使用。GB2312 编码共收录汉字 6763 个，其中一级汉字 3755 个，二级汉字 3008 个。这些汉字已经囊括了生活中最常用的所有汉字，包括繁体字。

除了汉字外，GB2312 编码还收录了包括拉丁字母、希腊字母、日文平假名及片假名字母、俄语西里尔字母在内的 682 个全角字符。这使得 GB2312 编码不仅适用于中文处理，也能在一定程度上处理其他语言的字符。

GB2312 编码对收录的每个字符采用两个字节表示，第一个字节为“高字节”，对应 94 个区；第二个字节为“低字节”，对应 94 个位。这种表示方式也称为区位码。01–09 区收录除汉字外的 682 个字符，10–15 区和 88–94 区为空白区，没有使用。16–55 区收录 3755 个一级汉字，按拼音排序。56–87 区收录 3008 个二级汉字，按部首 / 笔画排序。

GB2312 编码的一个重要特点是它与 ASCII 码的兼容性。在 GB2312 编码的文件中，ASCII 字符可以正常出现，不会发生冲突。这是因为 GB2312 编码规定其两个字节的最高位不能为 0，从而避免了与 ASCII 码（只有一个字节且最高位必须为 0）的冲突。

依据汉字处理过程，GB2312 编码可分为输入码、国标码（交换码）、机内码、字形码。

输入码：是用户从键盘上键入汉字时所使用的汉字编码。这种编码方式多种多样，包括全拼、双拼、自然码等拼音编码，以及五笔、表形码等字形编码。它们的主要功能是将用户的输入转换为计算机能够识别的代码，是汉字编码过程的起点。

国标码：即汉字国标码，是汉字编码的国家标准。在我国汉字代码标准 GB2312–80 中，有 6763 个常用汉字规定了二进制编码，每个汉字使用 2 个字节。国标码的存在确保了全国范围内汉字编码的统一性，使得不同系统之间的汉字信息能够无障碍地交换和处理。

机内码：把国标码每字节最高位的 0 改成 1，或者把每字节都再加上 128，就可得到机内码。

字形码：是用于将汉字在显示器或打印机上输出的编码形式。它是基于汉字的图形特征设计的，通过点阵代码的方式将汉字转化为计算机能够显示的图形。字形码的存在使得汉字能够在计算机屏幕上或打印出来供人们阅读。汉字的字形编码分为 16×16、24×24、32×32、48×48 等不同点阵类型，点数越多，打印的字体越美观，但编码占用的存储空间也越大。图 2–5 给出了一个 16×16 的汉字点阵字形和字形编码，该汉字编码需占用 16×2=32 字节。

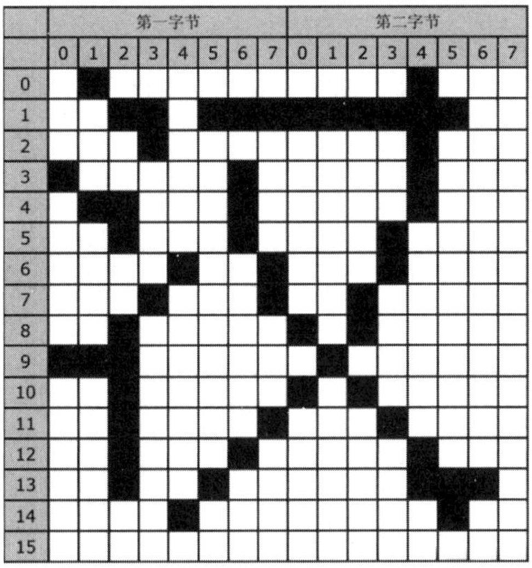

图 2-5　汉字点阵字形和字形编码

任务三　计算机系统的基本组成与性能指标

一、计算机系统概述

计算机系统是一个复杂的整体，主要由计算机硬件系统和计算机软件系统两大部分组成。硬件系统为计算机提供物质基础，而软件系统则是计算机的灵魂，它指挥计算机硬件执行各种任务，如图 2-6 所示。

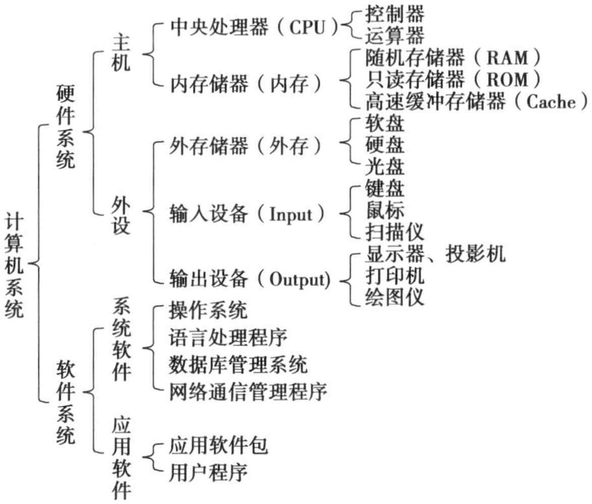

图 2-6　计算机系统

二、计算机硬件系统

计算机硬件系统主要包括中央处理器（CPU）、内存、外存、输入设备和输出设备，其工作原理如图 2–7 所示。

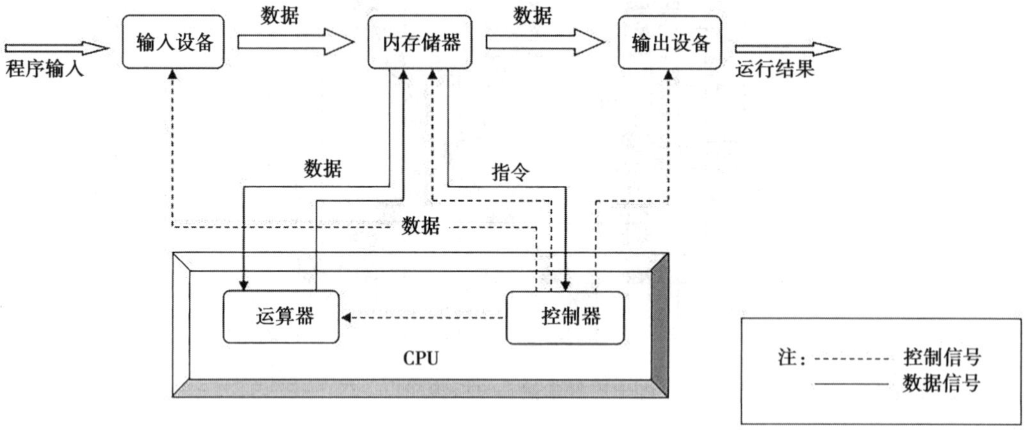

图 2–7　计算机系统工作原理

1. 中央处理器（CPU）

CPU 是计算机的核心，它由运算器和控制器组成。运算器负责执行算术运算和逻辑运算，而控制器则负责协调和指挥计算机各个部件的工作。CPU 的性能直接决定了计算机的整体性能。

2. 内存

内存是计算机中的临时存储器，用于存储当前正在运行的程序和数据。内存的大小和速度对计算机的性能有重要影响。

3. 外存

外存主要包括硬盘、光盘等，用于长期保存大量的数据和程序。外存的容量和读写速度对计算机的性能也有一定的影响。

4. 输入设备和输出设备

输入设备如键盘、鼠标等，用于向计算机输入数据和指令；输出设备如显示器、打印机等，用于显示和输出计算机的处理结果。

三、计算机软件系统

计算机软件系统主要包括系统软件、应用软件和中间件。

1. 系统软件

系统软件是计算机的基本软件，负责管理计算机硬件和应用软件，如操作系统、数据库管理系统等。

2. 应用软件

应用软件是为了满足特定需求而开发的软件，如办公软件、图像处理软件等。

3. 中间件

中间件位于操作系统和应用软件之间，起到桥梁和纽带的作用，帮助应用软件更好地与操作系统进行交互。

四、计算机的性能指标

计算机的性能指标是评价一台计算机性能优劣的重要依据，它们从不同角度反映了计算机的工作能力和效率。以下是几个主要的计算机性能指标。

1. 字长

字长是指计算机运算部件一次能处理的二进制数据的位数，它直接关系到计算机的计算精度、功能和速度。字长越长，计算能力越强，处理数据的范围也越大。常见的字长有 8 位、16 位、32 位和 64 位等。

2. 主频

主频是计算机 CPU 在单位时间内发出的脉冲数，单位是兆赫（MHz）或吉赫（GHz）。主频越高，CPU 在单位时间内执行的指令数就越多，运算速度就越快。因此，主频是衡量 CPU 性能的一个重要指标。

3. 运算速度

运算速度是衡量计算机性能的重要指标之一，它通常用每秒钟所能执行的指令条数来表示，单位为 MI/s（百万条指令 / 秒）。运算速度不仅取决于 CPU 的主频，还与指令系统的合理程度、CPU 中寄存器的多少以及内存储器的存取周期长短等因素有关。

4. 内存容量

内存容量是指计算机内存储器能够存储信息的总字节数，通常以字节（Byte）为单位，也可以用千字节（kB）、兆字节（MB）、吉字节（GB）或太字节（TB）来表示。内存容量越大，计算机能够同时处理的数据量就越多，运行速度也会相应提高。内存容量的大小直接影响到计算机的运行速度和整体性能。

除以上几个主要的性能指标外，还有一些其他指标如存储器的存取周期、硬盘的读写速度、输入输出设备的性能等，也会对计算机的整体性能产生影响。

项目习题

选择题

1. 下列关于世界上第一台电子计算机 ENIAC 的叙述中，错误的是（　　）。

A. 它是 1946 年在美国诞生的

B. 它主要采用电子管和继电器

C. 它是首次采用存储程序控制使计算机自动工作

D. 它主要用于弹道计算

2. 十进制整数 127 转换为二进制整数等于（　　）。

A.1010000　　B.0001000　　C.1111111　　D.1011000

3. 接入因特网的每台主机都有一个唯一可识别的地址，称为（　　）。

A.TCP 地址　　B.IP 地址　　C.TCP/IP 地址　　D.URL

4. 现代微型计算机中所采用的电子器件是（　　）。

A. 电子管　　B. 晶体管

C. 小规模集成电路　　D. 大规模和超大规模集成电路

5. 已知英文字母 m 的 ASCI 码值为 6DH，那么 ASCI 码值为 71H 的英文字母是（　　）。

A.M　　B.j　　C.p　　D.4

6. 字长为 8 位的无符号二进制整数能表示的十进制数值范围是（　　）。

A.0~256　　B.0~255　　C.1~256　　D.1~255

7. 在计算机中，组成一个字节的二进制位数是（　　）。

A.1　　B.2　　C.4　　D.8

8. 某台式计算机的内存储器容量为 128MB，硬盘容量为 10GB。硬盘容量是内存容量的（　　）。

A.40 倍　　B.60 倍　　C.80 倍　　D.100 倍

9. 十进制数 29 转换成无符号二进制数等于（　　）。

A.11111　　B.11101　　C.11001　　D.11011

10. 下列不能用作存储容量单位的是（　　）。

A.Byte　　B.GB　　C.MIP/s　　D.kB

11. 存储一个 48×48 点阵的汉字字形码需要的字节个数是（　　）。

A.384　　B.288　　C.256　　D.144

12. 在下列字符中，其 ASCI 码值最小的一个是（　　）。

A. 空格字符　　B.0　　C.A　　D.a

13. 在 ASCII 码表中，根据码值由小到大的排列顺序是（　　）。

A. 空格字符、数字符、大写英文字母、小写英文字母

B. 数字符、空格字符、大写英文字母、小写英文字母

C. 空格字符、数字符、小写英文字母、大写英文字母

D. 数字符、大写英文字母、小写英文字母、空格字符

14. “32 位微型计算机”中的 32，是指下列技术指标中的（　　）。

A.CPU 耗能　　B.CPU 字长　　C.CPU 主题　　D.CPU 型号

三 项目

管理个人计算机资源

Windows 10是微软公司研发的新一代操作系统，也是目前应用比较广泛的一种操作系统，其图形化界面让计算机操作变得更加直观、容易。本项目主要学习它的使用方法。

通过本项目的学习，应达到的目标如下：

认识Windows 10的桌面与窗口；

掌握管理我的文件的方法；

了解Windows 10个性化设置。

任务一　认识Windows 10的桌面与窗口

在 Windows 10 平台上进行计算机操作，主要是在桌面上或者窗口中进行，在操作之前必须先熟悉 Windows 10 的桌面和窗口。

一、Windows 10的桌面

Windows 10 的桌面是用户与计算机交互的主要界面。桌面包含了多个重要的元素，它们共同帮助用户方便地访问计算机资源、执行任务和打开应用程序。

打开计算机后，呈现在用户面前的第一个工作界面称为桌面，桌面是用户和计算机进行交流的窗口，如图 3–1 所示。

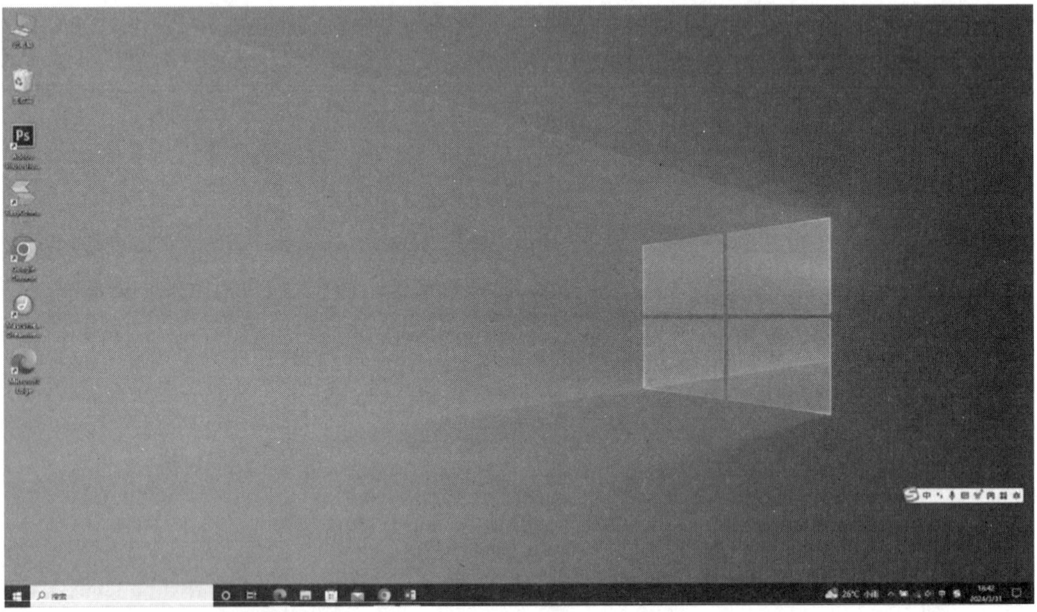

图 3–1　Windows 10 的桌面

Windows 系统的入口和出口都是桌面，桌面由桌面背景、桌面图标、任务栏、开始菜单等组成。

1. 桌面图标

桌面图标是各种文件、文件夹和应用程序等的桌面标志。图标下面的文字是该对象的名称，使用鼠标双击，可以打开该文件或应用程序。初装 Windows 10 系统，桌面上只有“回收站”和“Microsoft Edge”两个桌面图标。

（1）添加常用图标

①在桌面空白区域单击鼠标右键，在弹出的快捷菜单中选择“个性化”命令，接下

来系统会弹出“设置”窗口，在窗口左侧选择“主题”选项，如图 3–2 所示。

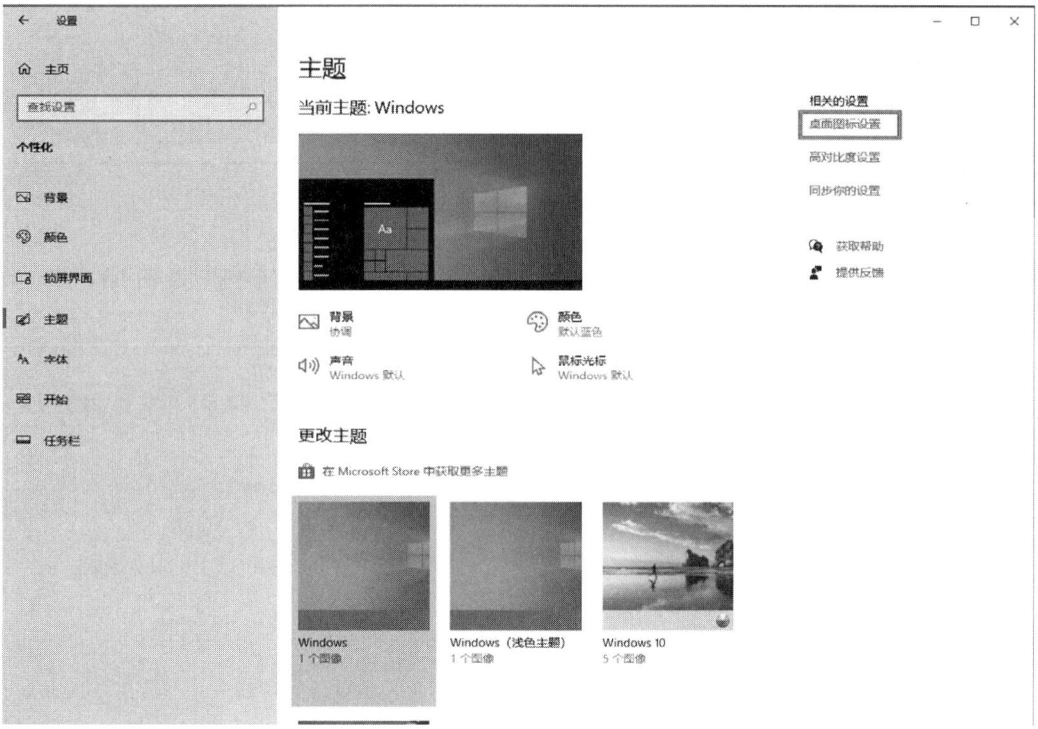

图 3–2　“设置”窗口

②在“主题”选项右侧窗口单击“桌面图标设置”选项，系统会弹出“桌面图标设置”对话框，如图 3–3 所示。

图 3–3　“桌面图标设置”对话框

③在“桌面图标设置”对话框中，勾选要添加到桌面的图标选项前的复选框，然后再单击“确定”按钮，即可完成常用图标添加。

Windows 10 桌面上常用图标及功能见表 3–1。

表 3–1　Windows 10 桌面常用图标及功能

名称	图标	功能
此电脑		显示硬盘、CD–ROM 驱动器和网络驱动器等内容
个人文件夹		它包含“图片收藏”“我的音乐”“联系人”等个人文件夹，可用来存放用户日常使用的文件
网络		显示网络中的计算机、打印机和网络上的其他资源
控制面板		用来进行系统设置和设备管理的一个工具集，Windows 图形用户界面的一部分
Edge 浏览器		访问网站等网络资源
回收站		用来存放被用户临时删除的文件或文件夹，可通过右键“还原”选项进行恢复操作

（2）创建桌面快捷方式

右击应用程序图标，在弹出的快捷菜单中单击“发送到”→“桌面快捷方式”，即可在桌面上创建应用程序的快捷方式。

①查看图标。Windows 10 桌面图标默认的查看方式为“中等图标”，可在桌面空白处右击，在弹出的快捷菜单中单击“查看”→“小图标”，桌面上的图标则按照所选类型进行大小的调整与显示，如图 3–4 所示。

②图标排列。在桌面空白处右击，在弹出的快捷菜单中单击“排列方式”→“大小”，则桌面图标按照文件大小顺序显示，如图 3–5 所示。

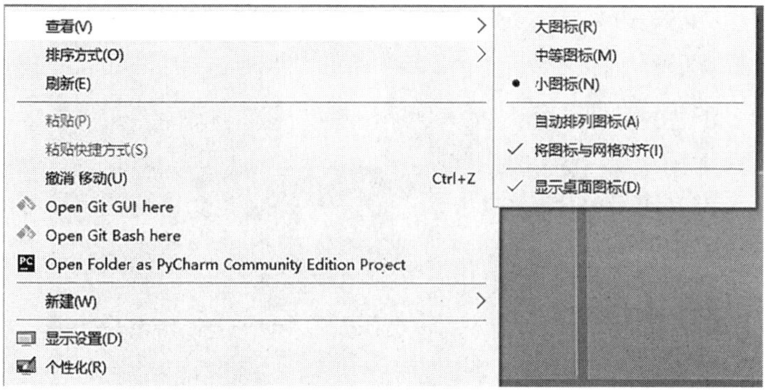

图 3-4　桌面图标的查看方式

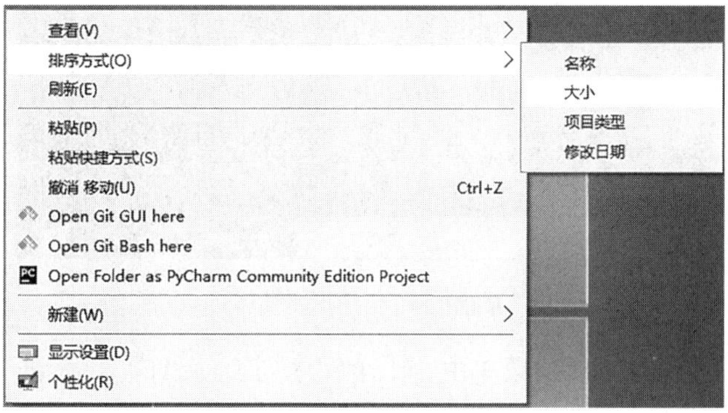

图 3-5　图标排列方式

③图标快捷方式删除。鼠标右击要删除的图标，在弹出的快捷菜单中单击“删除”命令，在弹出的“删除快捷方式”对话框中单击“是”按钮，即可完成删除，如图 3-6 所示。

图 3-6　删除桌面快捷方式图标

2. 开始菜单

开始菜单按钮“ ”位于桌面的左下角，单击开始菜单按钮“ ”或使用快捷键“Ctrl+Esc”，即可打开开始菜单，如图 3-7 所示。

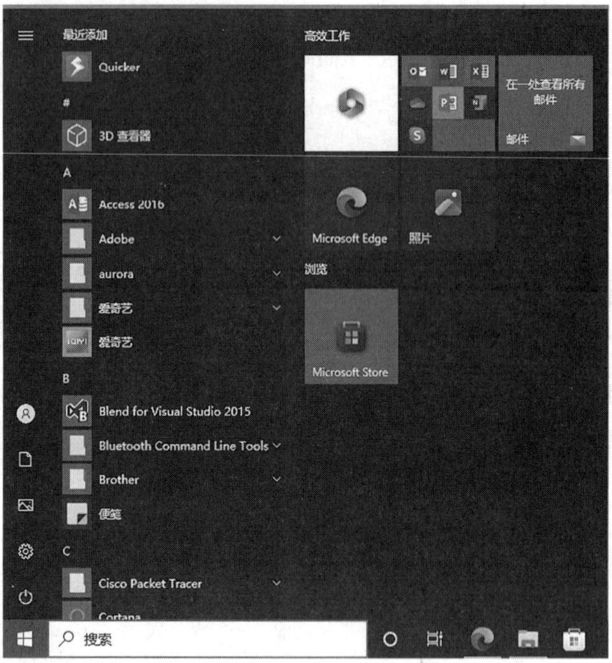

图 3-7 “开始”菜单

从图 3-7 可以看出，“开始”菜单由若干个程序列表项组成，单击某个程序列表项就可以执行 Windows 10 的某个命令或启动某个应用程序。

3. 任务栏

任务栏一般位于桌面的底部，由开始菜单按钮、搜索框、应用程序按钮区、语言栏、通知区域、时钟区、显示桌面按钮等组成，如图 3-8 所示。

图 3-8 任务栏

（1）设置任务栏属性

在任务栏空白处右击，在弹出的快捷菜单中单击“任务栏设置”命令，弹出“任务栏”窗口，如图 3-9 所示。在任务栏设置窗口中可进行“锁定任务栏”“任务栏在屏幕上的位置”等设置。

（2）添加快速启动栏项目

单击“开始”菜单，然后在开始菜单中右击要添加到快速启动栏项目的图标，在弹出的快捷菜单中单击“更多”→“固定到任务栏”，即可完成添加，如图 3-10 所示。

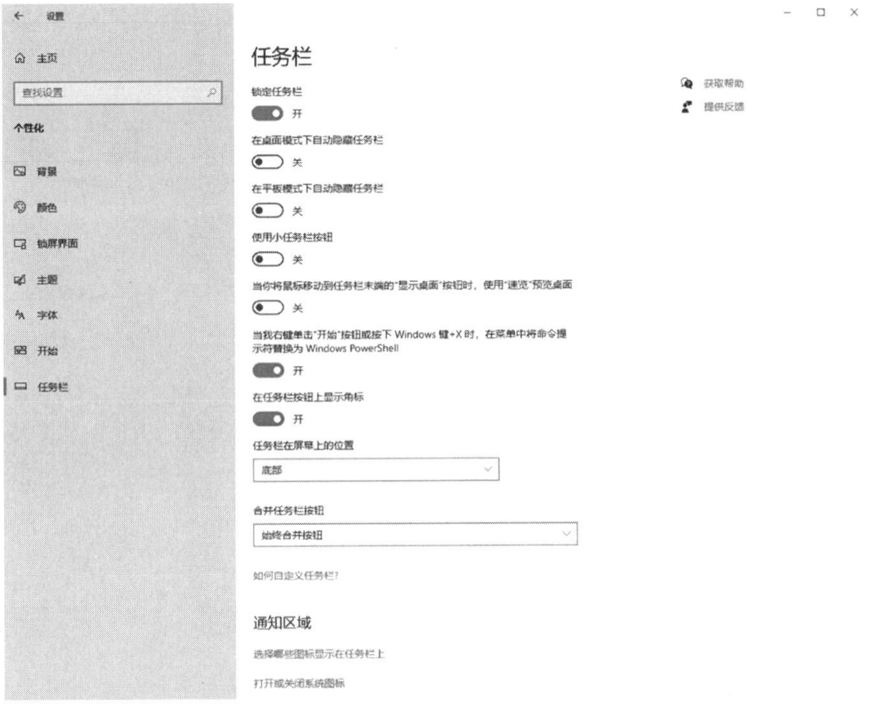

图 3–9　设置任务栏窗口

（3）语言栏

单击语言栏中的输入法图标按钮，在弹出的如图 3–11 所示的输入法选择菜单中单击“中文（简体，中国）搜狗拼音输入法”菜单项。这时，语言栏中会显示相应图标按钮。

图 3–10　添加快速启动栏项目

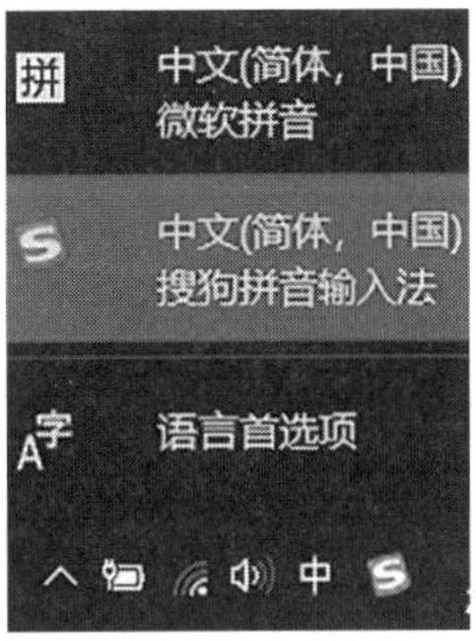

图 3–11　输入法选择菜单

（4）通知区域

通知区域位于任务栏的右侧，用来显示系统中活动任务的图标和紧急执行任务的图标，如声卡的图标（扬声器）、网络图标、杀毒软件图标等。

（5）时钟区

时钟区用于显示系统当前的时间，更改日期和时间的步骤如下所示。

①单击时钟区，在弹出的日期和时间显示框中选择“日期和时间设置”命令，如图 3–12 所示，打开如图 3–13 所示的设置“日期和时间”窗口。

图 3–12 “日期和时间”显示框

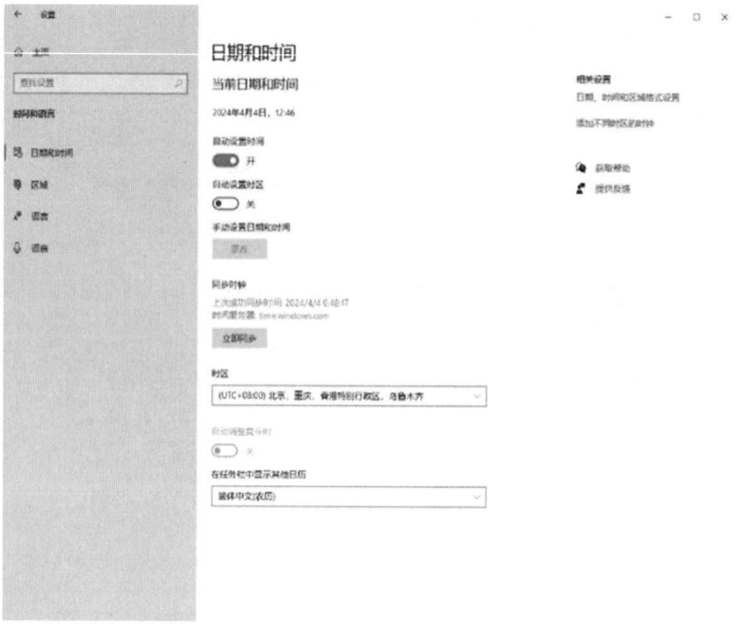

图 3–13 “日期和时间”设置窗口

②在“日期和时间”设置中单击关闭“自动设置时间”，然后单击更改日期和时间下的“更改”按钮，弹出“更改日期和时间”对话框，如图 3–14 所示。

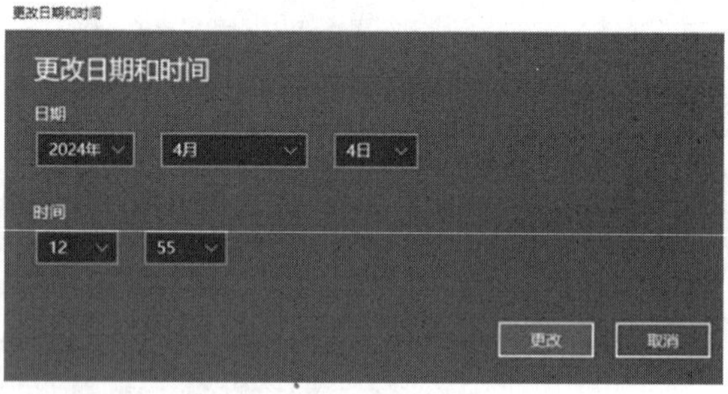

图 3–14 “更改日期和时间”对话框

③在“日期和时间”对话框中设置完成后单击“更改”按钮，即可完成日期和时间更改。

（6）显示桌面按钮

单击任务栏右下角“显示桌面”按钮，可以直接切换到 Windows 10 桌面。

二、Windows 10的窗口

Windows 即“窗口”的意思，在 Windows 操作系统中，窗口是用户操作应用程序而弹出的可视化界面，图 3–15 为 Windows 10 的“计算机”窗口。

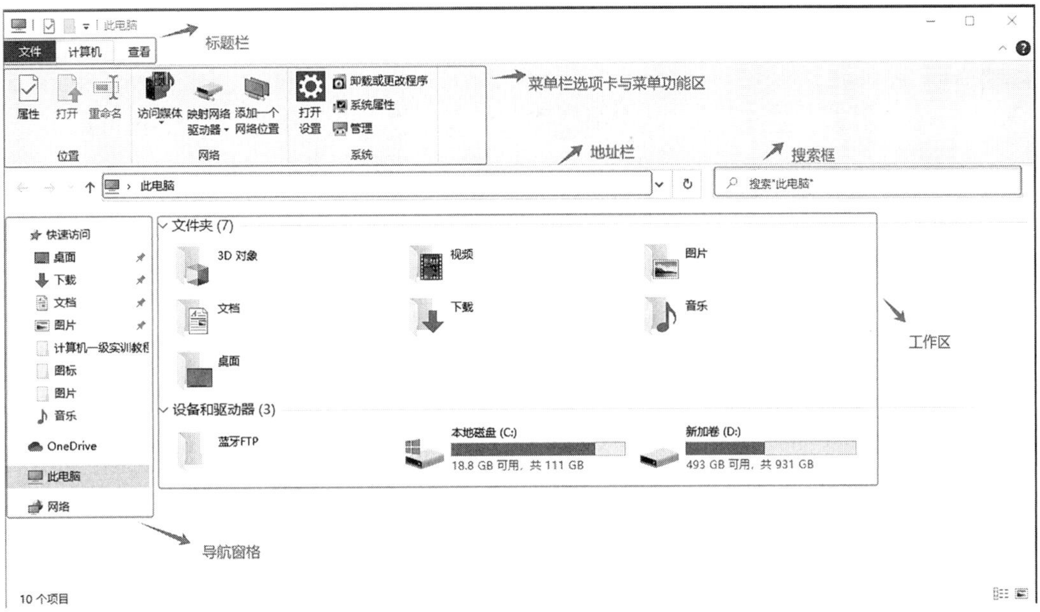

图 3–15　“计算机”窗口

由图 3–15 可以看出，Windows 10 的窗口主要由标题栏、菜单栏选项卡、菜单功能工作区、地址栏、搜索栏、导航窗格、工作区等组成，各部分的作用如下。

1. 标题栏

标题栏位于窗口的最上面，标题栏最右侧分别是“最小化”按钮、“最大化（还原）”按钮和“关闭”按钮。标题栏按钮及功能见表 3–2。

表 3–2　标题栏按钮及功能

名称	图标	功能
最小化	—	单击“最小化”按钮，当前窗口就会隐藏
最大化	□	单击“最大化”按钮，当前窗口会充满整个桌面
还原	⧉	单击“还原”按钮，窗口会变成最大化之前的大小
关闭	×	单击“关闭”按钮，当前窗口会关闭

2. 菜单栏选项卡与菜单功能区

Windows 10 的窗口菜单栏由“文件”“计算机”“查看”这 3 个选项卡组成，每个选项卡又由多个功能按钮组合成不同的工作组。单击选项卡下工作组中的功能菜单按钮即可完成相应的操作，如图 3-16 所示。

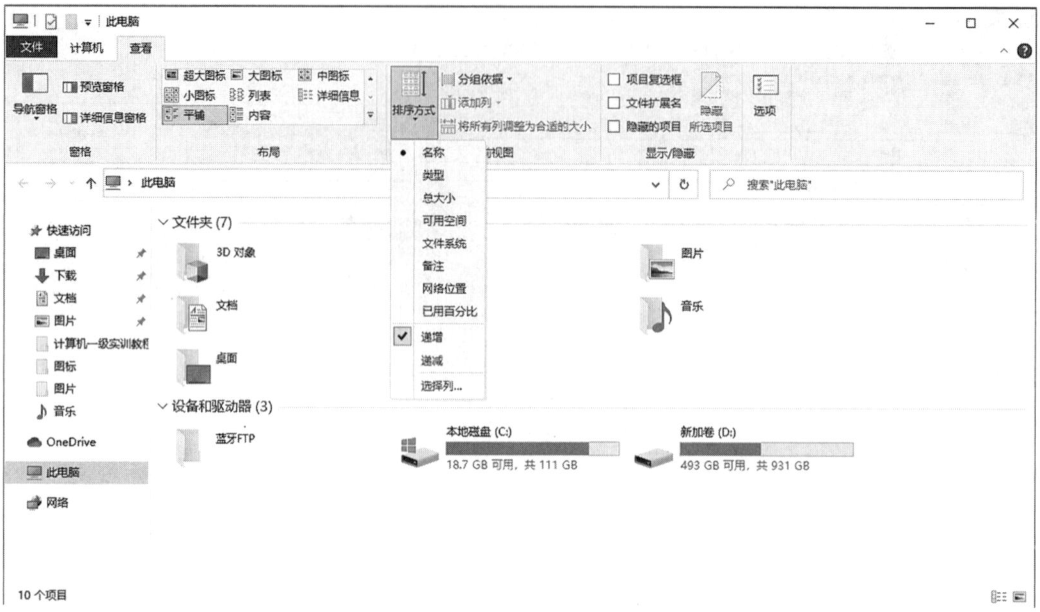

图 3-16　功能区按钮

3. 地址栏

地址栏用于显示当前窗口的位置，左侧是后退和前进按钮。

4. 搜索栏

在搜索栏中输入要查找对象的名称，然后按回车键或者单击搜索栏中的“→”按钮，Windows 10 就会在当前窗口范围内查找目标对象，并在窗口中显示查找后的结果。

5. 导航窗格

导航窗格用于快速查找文件所在位置。Windows 10 中，导航窗格由“导航窗格”“展开到打开的文件夹”“显示所有文件夹”“显示库”4 部分组成。单击各名称前的扩展按钮“>”，可以展开相应的列表，单击某个列表项，窗口工作区会显示列表内容，如图 3-17 所示。

6. 工作区

工具栏下面的右边区域为工作区，用于显示窗口中的操作对象和操作结果。

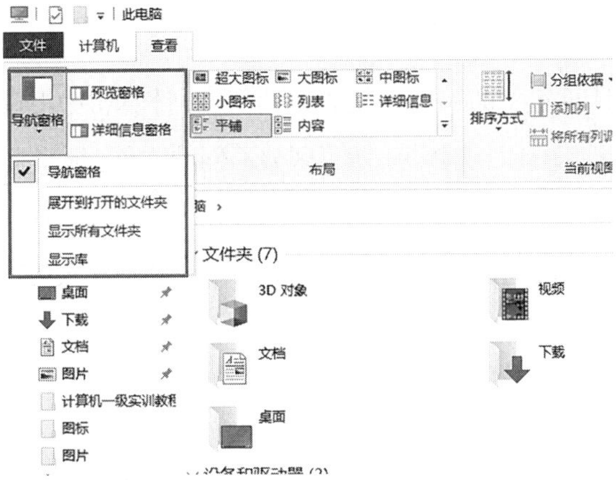

图 3-17　导航窗格

三、Windows 10对话框

在 Windows 10 操作系统中，对话框是一种特殊的窗口，主要用于用户更改设置参数。图 3-18 为“文件夹选项”对话框。

对话框由标题栏、选项卡、列表框、复选框、滚动条等构成。单击对话框中的“确定”按钮可使对话框中的设置生效并关闭对话框；单击“应用”按钮可使设置生效而不关闭对话框；单击“取消”按钮将取消操作并关闭对话框。

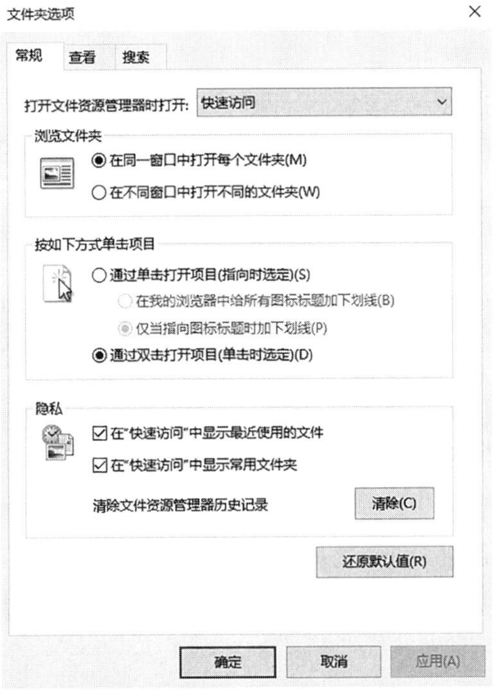

图 3-18　“文件夹选项”对话框

任务二　管理我的文件

文件是指存储在计算机中的一组相关数据的集合。计算机中出现的所有数据都可以成为文件，例如程序、文档、图片、视频等。为了区分不同的文件，每个文件都有唯一的标识，被称为文件名。

文件夹是用来组织和管理文件的一种数据结构，一个文件夹可以包含若干个文件和子文件夹，通过层层嵌套，让文件管理更加清晰。

一、创建文件夹与文件

1. 创建文件夹

①双击桌面“此电脑”图标，打开“此电脑”窗口，然后双击“本地磁盘（C:）”，打开“本地磁盘（C:）”窗口。

②在“本地磁盘（C:）”窗口中右击鼠标，在弹出的快捷菜单中选择“新建”→“文件夹（F）”命令，如图 3–19 所示。

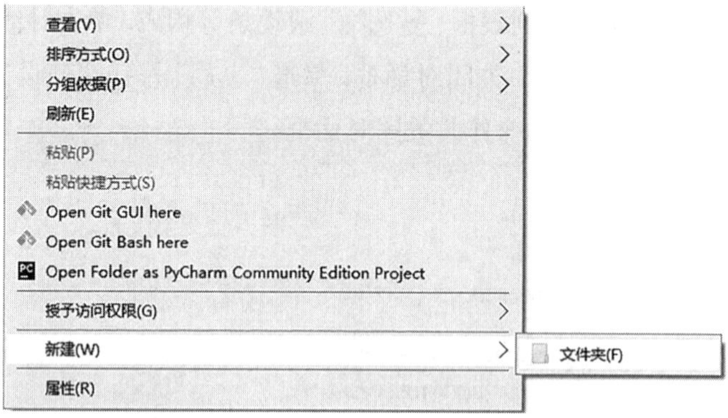

图 3–19　新建文件夹

③单击“新建文件夹”命令后，将在“本地磁盘（C: ）”窗口新增一个文件夹图标，“新建文件夹”名字上有一个实线矩形框，名字呈蓝底白字显示，此时文件夹名称处于可编辑状态，可对其自定义命名，如图 3–20 所示。

④文件夹名称编辑完成后，单击窗口空白处或按回车键即可确定当前文件夹名称。

2. 创建文件

创建文件的操作与创建文件夹的操作类似，只是选择的新建对象不同。下面以在“本地磁盘（D:）”下的“计算机基础”文件夹中新建 Word 2016 文件为例，介绍文件的新建方法。

①打开“本地磁盘（D:）”，鼠标双击打开“计算机基础”文件夹，在窗口中单击鼠标右键，在弹出的快捷菜单中选择“新建 Microsoft Word 文档”命令，如图 3–21 所示。

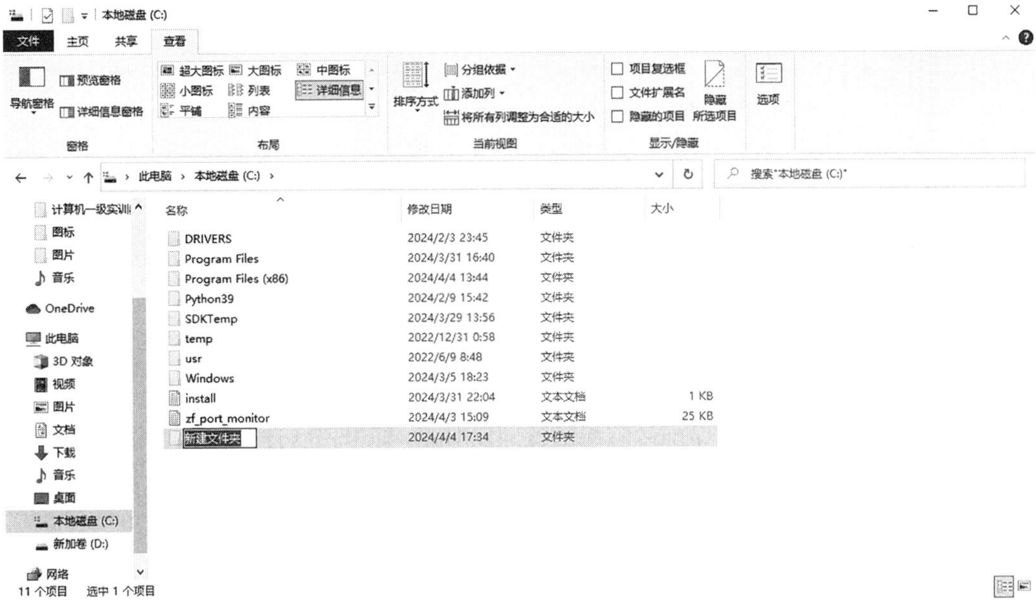

图 3–20　文件夹命名

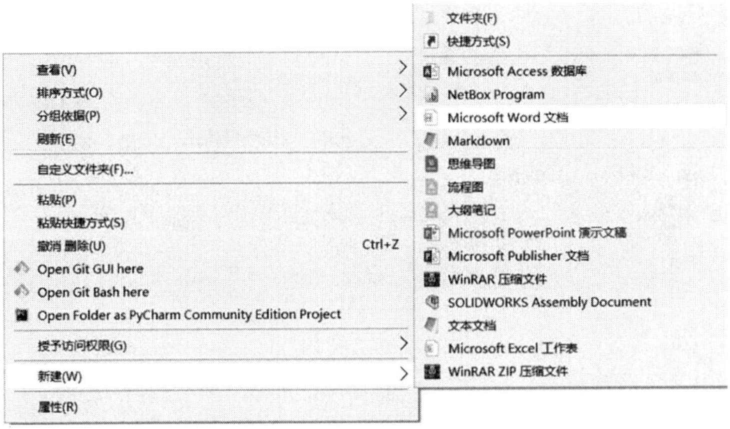

图 3–21　新建文件

②单击“新建 Microsoft Word 文档”命令后，将在“计算机基础”文件夹窗口中新增一个 Word 文件图标，此时文件名处于可编辑状态，可输入文件名称，如图 3–22 所示。

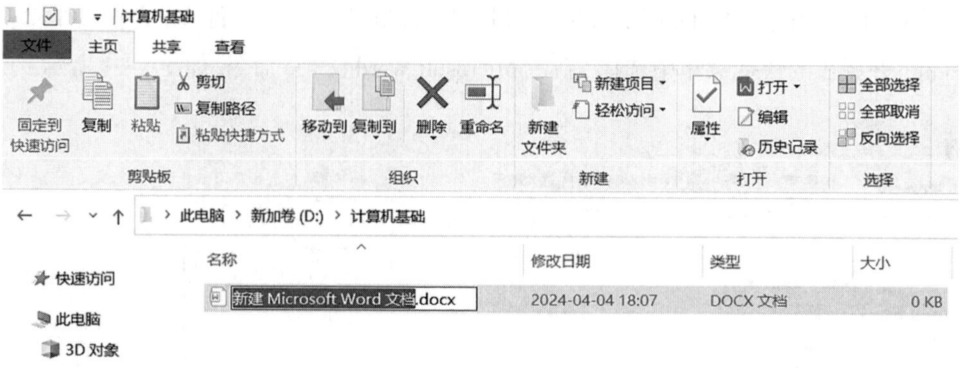

图 3-22　文件命名

二、选择文件夹与文件

对文件与文件夹进行操作前必须先选择操作对象，如果要选择某个文件夹或文件，只需要用鼠标在窗口中单击该对象即可将其选择。

1. 选择多个相邻的文件夹或文件

选择第一个文件夹或文件后，按住 Shift 键，然后单击最后一个文件夹或文件，如图 3-23 所示。

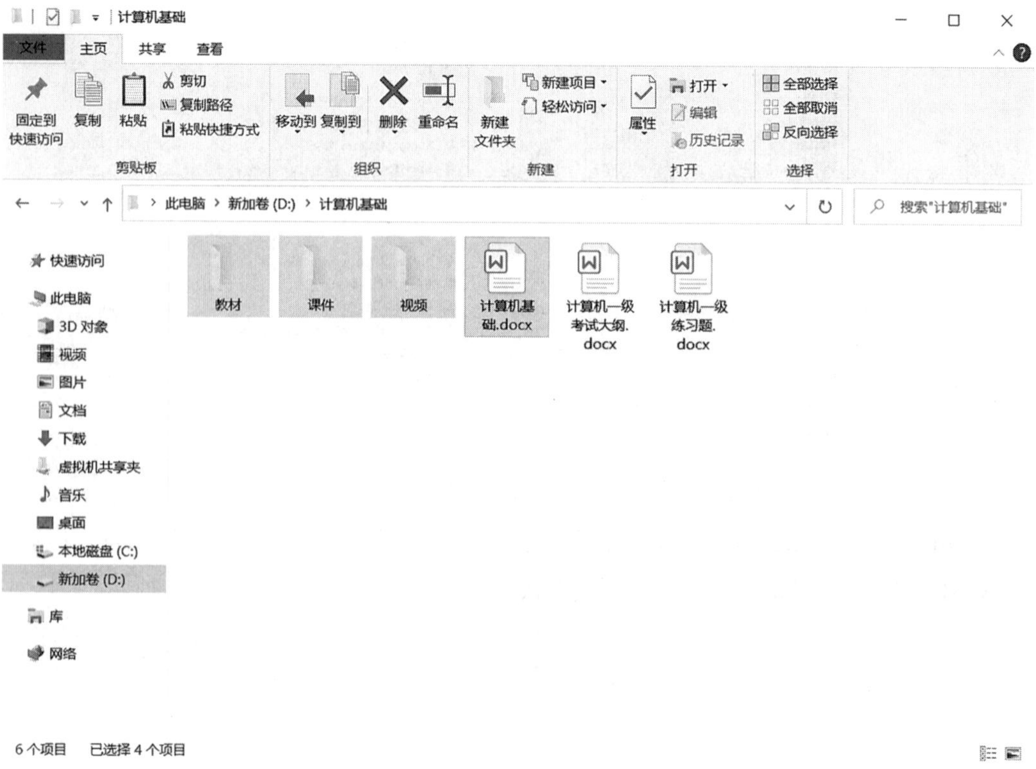

图 3-23　选择多个连续的文件夹或文件

2. 选择多个不连续的文件夹或文件

先按住 Ctrl 键，然后依次单击需要选择的文件夹或文件，如图 3–24 所示。

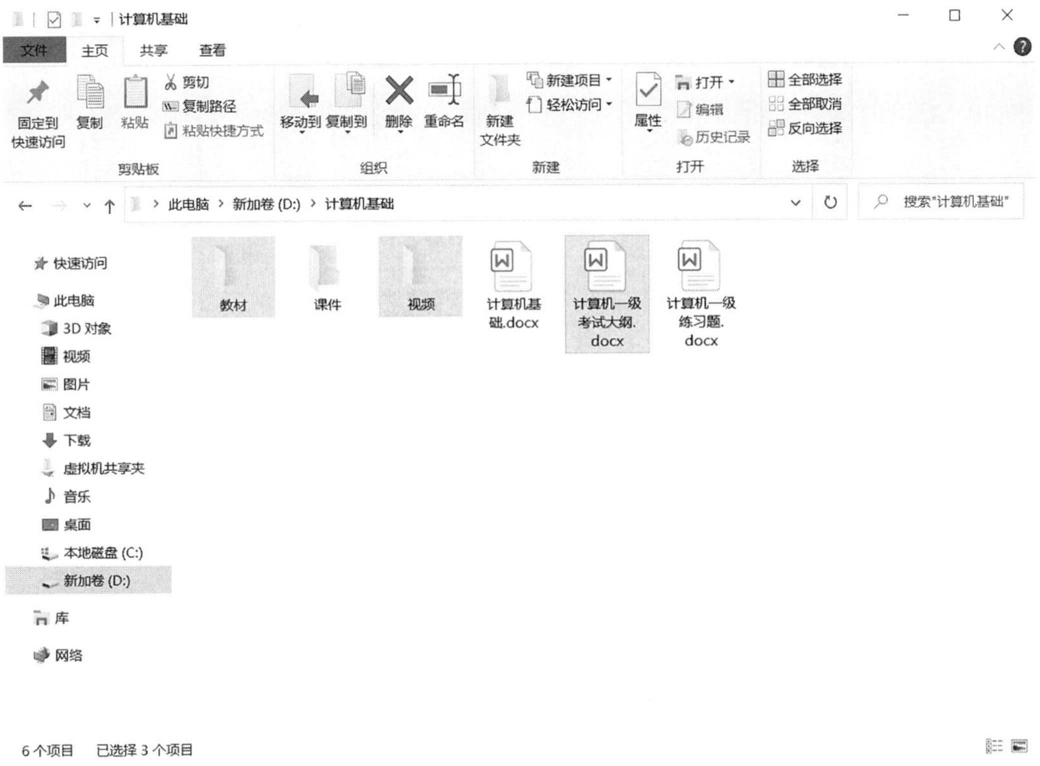

图 3–24　选择多个不连续的文件夹或文件

3. 选择全部文件夹或文件

单击“主页”选项卡，在“选择”菜单内单击“全部选择”命令或按组合快捷键“Ctrl+A”，即可选中当前窗口内全部文件夹或文件。

三、复制文件夹或文件

①选中需要复制的文件夹或文件，右击鼠标，在弹出的快捷菜单中选择“复制”命令，如图 3–25 所示。

②打开要保存复制文件夹或文件的目标位置，右击鼠标，在弹出的快捷菜单中选择“粘贴”命令，如图 3–26 所示，即可完成文件夹或文件的复制。

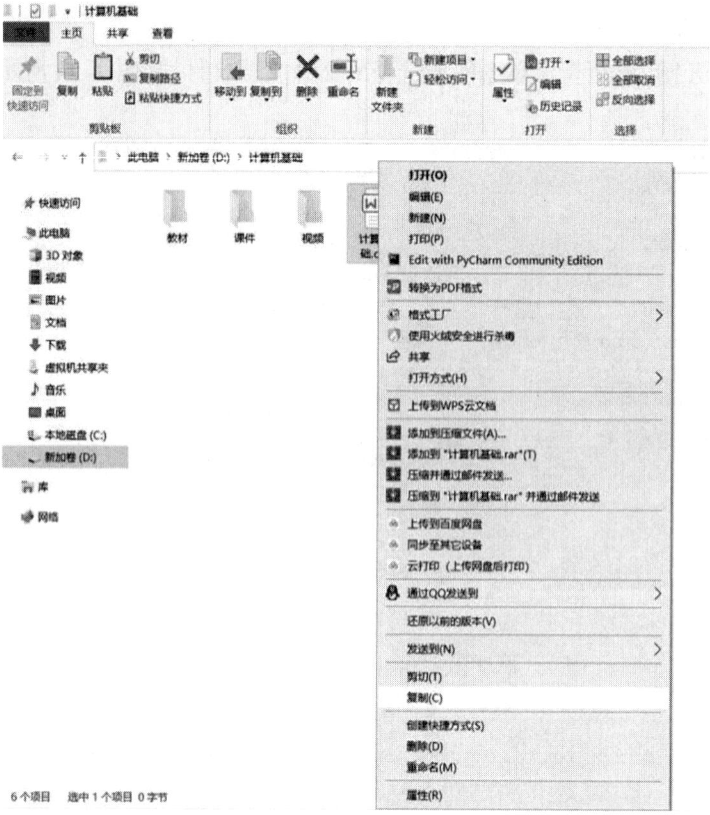

图 3-25 “复制”命令

图 3-26 “粘贴”命令

四、移动文件或文件夹

移动文件或文件夹采用“剪切”命令，其与复制文件或文件夹是有区别的，具体表现为：文件或文件夹移动后，原存在位置的文件或文件夹不再保存；而复制文件或文件夹则是原来位置的文件或文件夹依然存在，只不过在新的位置又产生了一个相同的副本。移动文件或文件夹的步骤如下。

① 选中需要移动的文件夹或文件，右击鼠标，在弹出的快捷菜单中选择“剪切”命令，如图 3–27 所示。

②打开需要保存到的目标位置，右击鼠标，在弹出的快捷菜单中选择“粘贴”命令，即可完成文件夹或文件的移动。

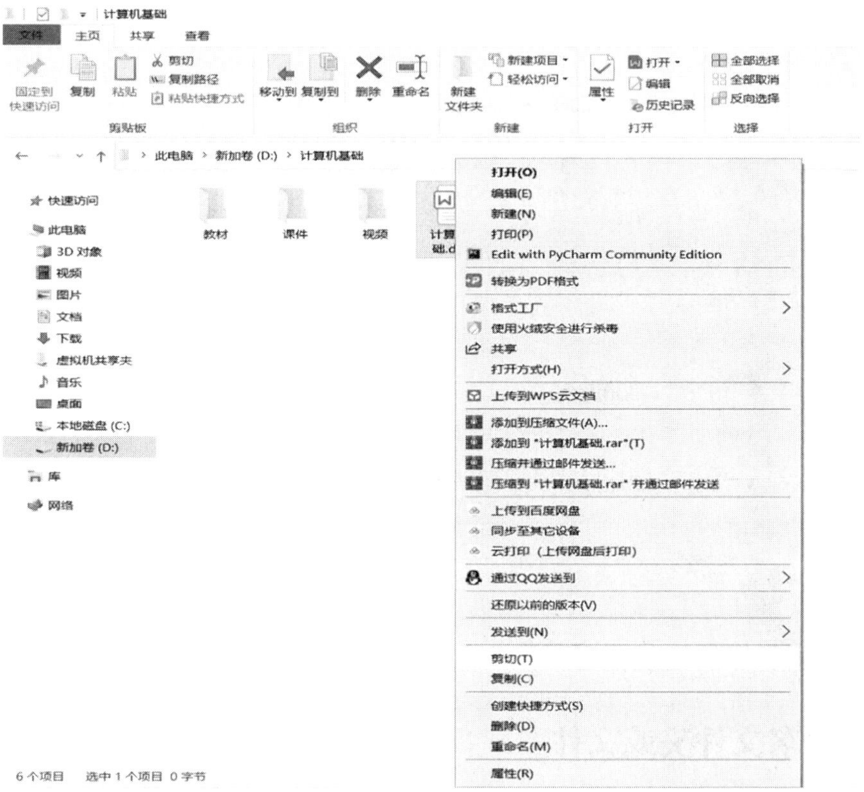

图 3–27 “剪切”命令

五、删除文件夹或文件

删除文件夹或文件是指将计算机中不需要的文件夹或文件删除，具体步骤如下。

①选择要删除的文件夹或文件。

②按下 Delete 键，或单击窗口“主页”选项卡下“组织”工作组中的“删除”命令，在

弹出的“删除文件”对话框中单击“确定”按钮，即可将文件夹或文件删除到回收站，如图3–28所示。

②双击桌面“回收站”即可查看被删除到回收站的文件夹或文件。鼠标右击被删除的文件夹或文件，在弹出的快捷菜单中选中“还原”命令，即可将其还原到删除前的位置，如图3–29所示。也可单击回收站窗口中的“还原选定的项目”选项进行还原。

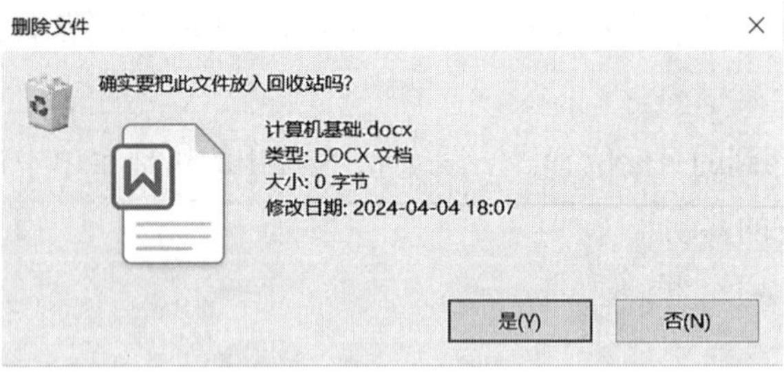

图 3–28　删除文件对话框

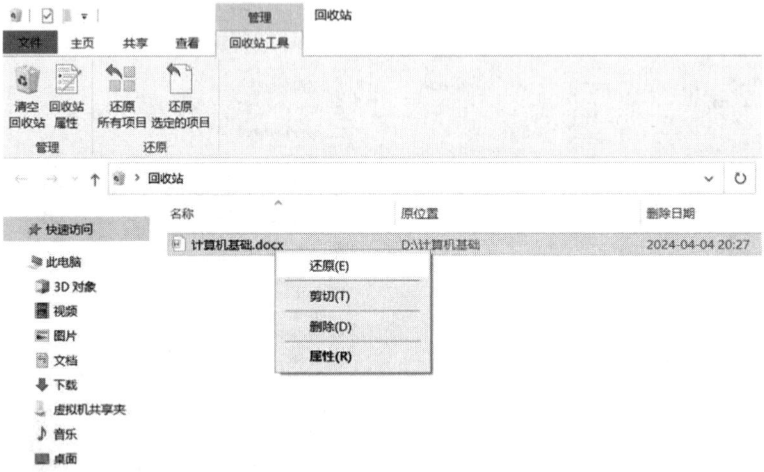

图 3–29　“回收站”窗口

六、重命名文件夹或文件

管理文件夹或文件时，可根据其内容进行重命名，对文件夹或文件重命名步骤如下。

①鼠标右击要更改名称的文件夹或文件，在弹出的快捷菜单中选择“重命名”命令，如图3–30所示。

②在文件夹或文件名称框中输入新的命名后，回车或单击窗口空白处即可完成重命名。需要注意的是，对正在编辑的文件不可以进行重命名操作，如图3–31所示。

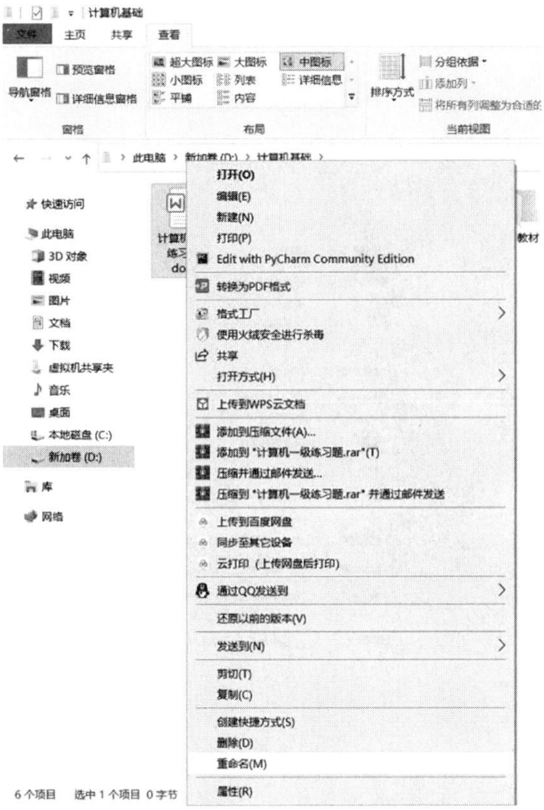

图 3–30　“重命名”命令

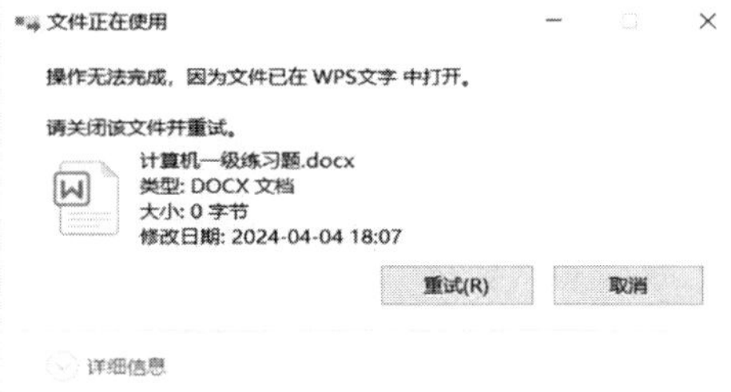

图 3–31　“文件正在使用”对话框

七、文件与文件夹属性

文件与文件夹的主要属性包括“只读”和“隐藏”，此外，文件还有一个重要属性为“打开方式”，而文件夹的另一重要属性则是“共享”。

1. 设置文件属性

①鼠标右击文件，在弹出的快捷菜单中选择“属性”，如图 3–32 所示。

②单击“属性”选项，弹出“文件属性”对话框，如图 3–33 所示。

③单击对话框的“常规”选项卡标签，在“常规”选项卡中单击“只读”和“隐藏”两个复选框，使复选框中出现“√”号，然后单击“应用”按钮或者“确定”按钮，即可完成文件相应属性的设置。

2. 设置文件夹属性

①鼠标右击文件夹，在弹出的快捷菜单中选择“属性”，如图 3–34 所示。

②单击“属性”选项，弹出文件夹属性对话框，如图 3–35 所示。

③单击对话框的“常规”选项卡标签，在“常规”选项卡中单击“只读”和“隐藏”两个复选框，使复选框中出现“√”号，然后单击“应用”按钮或“确定”按钮即可完成文件夹相

应属性的设置。

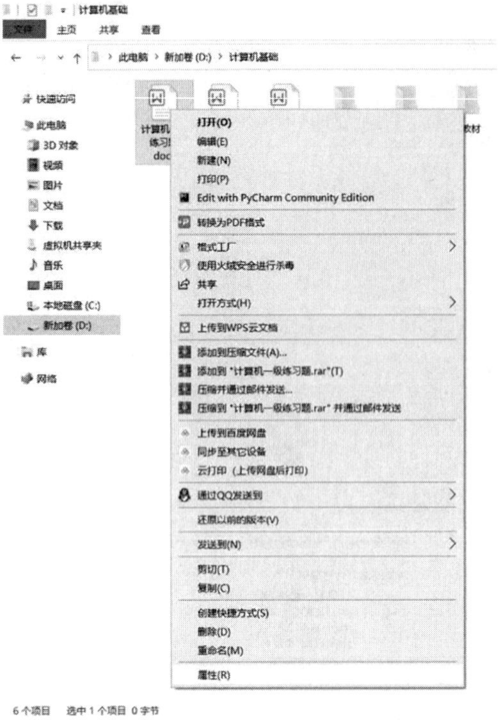

图 3-32 文件“属性”命令

图 3-33 文件属性对话框

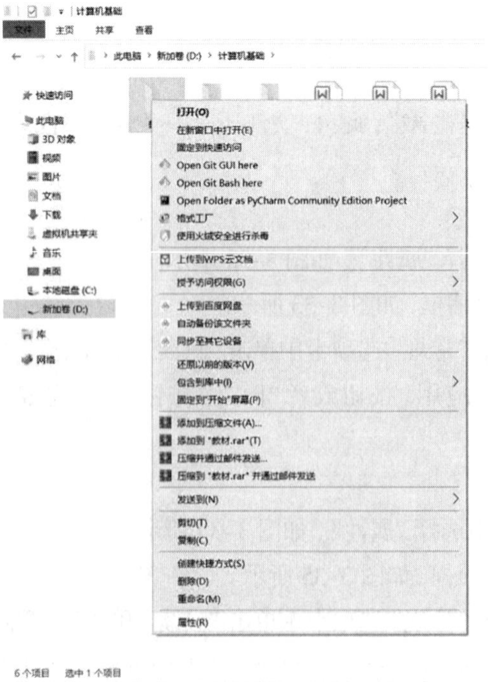

图 3-34 文件夹“属性”命令

图 3-35 文件夹属性对话框

八、显示隐藏对象

显示隐藏对象的操作方法如下。

①鼠标双击桌面“此电脑”图标（或按组合快捷键 Windows+E）弹出“计算机”窗口，然后单击窗口菜单栏上的“查看”选项卡，如图 3–36 所示。

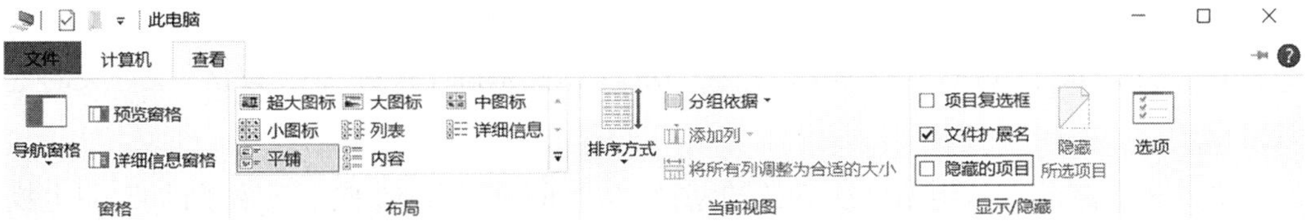

图 3–36　“查看”选项卡

②在“查看”选项卡“显示 / 隐藏”工作组中，鼠标单击取消“隐藏的项目”选项前的复选，即可查看被隐藏的对象。

九、查找对象

当需要使用计算机中的某个文件却又不知道具体存放位置时，可以利用 Windows 10 的搜索功能从计算机中查找文件。

①打开计算机窗口。

②在计算机窗口的搜索栏中输入“计算机基础 .docx”，然后按回车键。Windows 10 会在所有磁盘中查找名为“计算机基础 .docx”的文件，窗口工作区中会显示出所有相关的搜索结果，如图 3–37 所示。如果文件找到了，可根据需要对所查找的文件进行各类操作；如果没找到，则窗口工作区中会显示“没有与搜索条件匹配的项”提示。

图 3–37　Windows 10 搜索功能

十、文件与文件夹的路径结构

由于操作系统中文件与文件夹、文件夹与文件夹之间是包含与被包含关系，这样一层层下去，就形成了一个树状结构，人们把这种结构称为“文件树”。文件的保存路径又分为绝对路径和相对路径。

文件绝对路径是指目录下的绝对位置，使用绝对路径可直接到达目标位置，它通常是从盘符开始的路径。如图 3-38 所示，路径“D:\ 计算机基础 \ 教材”为“教材”文件夹的绝对路径。

文件相对路径是从当前路径开始的路径，从当前位置开始，向下找为子目录，向上找为父目录，如路径“计算机基础 \ 教材”为“教材”文件夹相对于“本地磁盘（D:）”的相对路径。

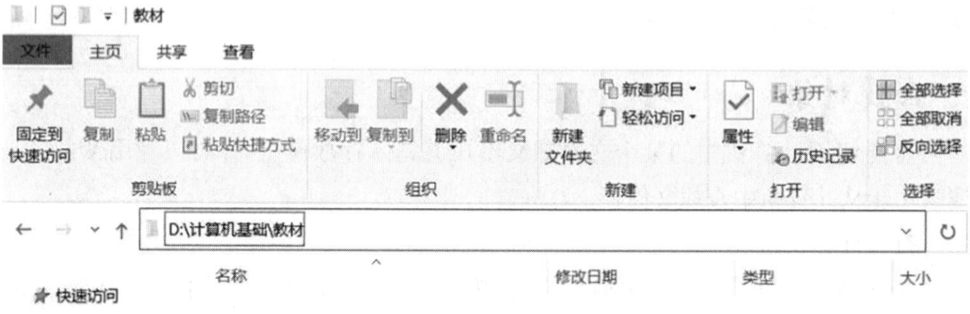

图 3-38　文件夹绝对路径

任务三　Windows 10个性化设置

Windows 10 操作系统允许用户根据自己的喜好来调整桌面的外观和功能，包括更改桌面背景、窗口边框颜色、窗口边框声音和屏幕保护程序等，以此来满足用户个性化的需求。

一、更换桌面主题

Windows 10 系统提供了多种内置的桌面主题，用户可以随时更换以改变桌面的整体风格。更换桌面主题步骤如下：

①单击任务栏左下角的“开始”按钮，然后在弹出的菜单中选择“设置”选项。

②在“设置”窗口中，找到并单击“个性化”选项，如图 3-39 所示。

③在“个性化”窗口中，选择“主题”选项。

④在“主题”窗口中，可以看到多种内置的主题样式，选择喜欢的主题，单击即可更换桌面主题，如图 3-40 所示。

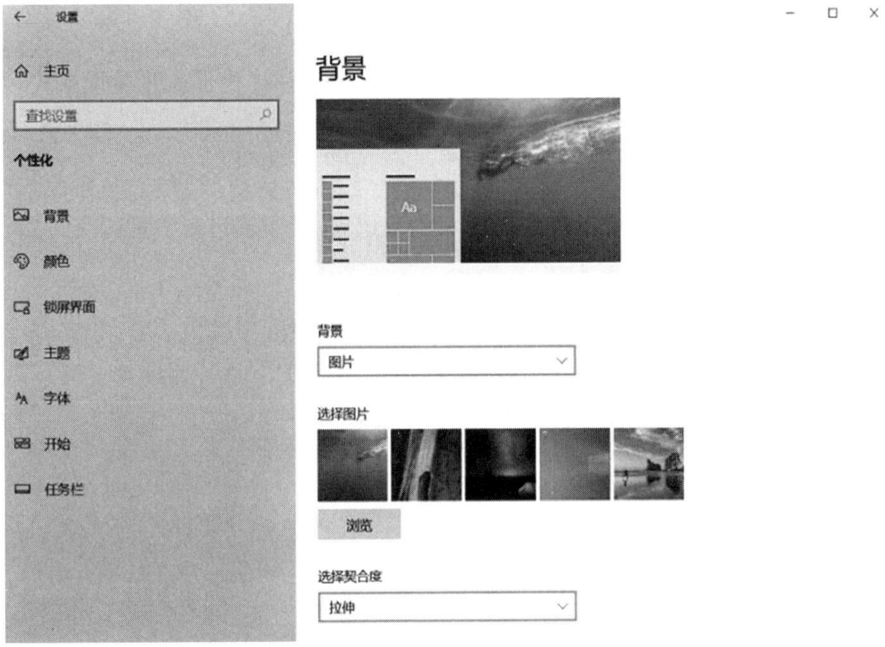

图 3-39　Windows 10 设置个性化窗口

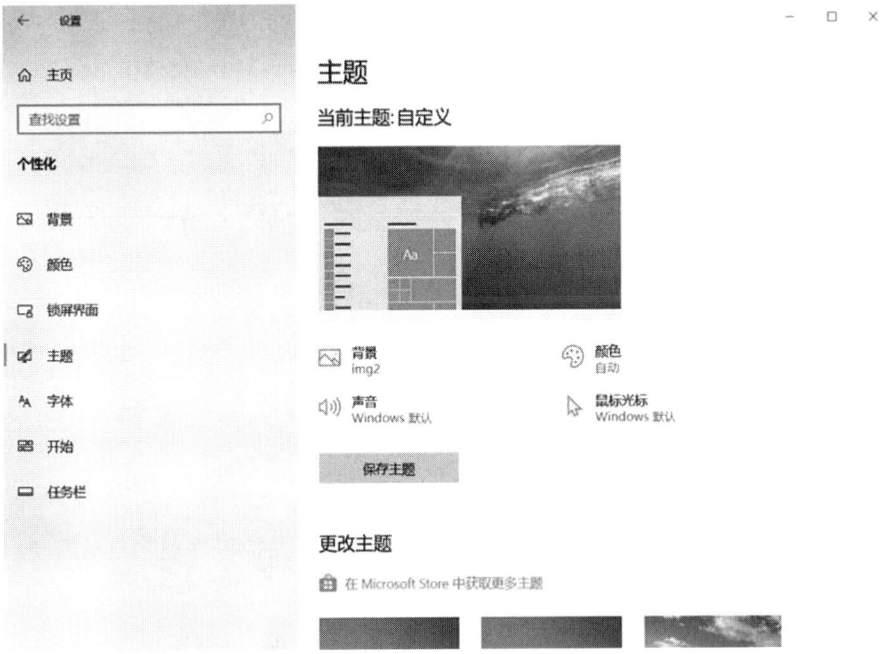

图 3-40　Windows 10 设置主题窗口

二、设置桌面背景

Windows 10 允许用户设置自己的图片作为桌面背景，并提供了多种设置方式，如通过系统设置、文件夹选择图片或使用注册表编辑器等。以下是使用系统设置更换桌面背景的步骤。

①在如图 3-39 所示的设置窗口中单击“背景”选项，设置窗口右侧将切换到“背景”窗口，如图 3-41 所示。

②在“背景”选项中，可以选择图片、纯色或幻灯片放映作为桌面背景。如果选择图片，可以单击“浏览”按钮，从本地文件夹中选择喜欢的图片，然后在“选择契合度”中选择合适的选项，即可完成桌面背景设置。

图 3-41　Windows 10 设置背景窗口

三、设置屏幕保护

如果用户长时间没有操作计算机，Windows 10 的屏幕保护程序就会自动启动，以保护显示器。以下是设置屏幕保护程序的操作步骤。

①在如图 3-39 所示的设置窗口中单击“锁屏界面”选项，设置窗口右侧将切换到“锁屏界面”窗口，如图 3-42 所示。

②在“锁屏界面”中向下拖动滚动条至窗口底部，单击“屏幕保护程序设置”按钮，弹出“屏幕保护程序设置”对话框，如图 3-43 所示。

图 3-42　设置锁屏界面

图 3-43　“屏幕保护程序设置”对话框

③在“屏幕保护程序设置”对话框中可设置屏幕保护程序、等待时间、在恢复时显示登录屏幕等，单击“应用”或“确定”按钮，即可完成屏幕保护程序设置，如图 3-44 所示。

图 3-44　设置完成“屏幕保护程序设置”对话框

四、用户账户管理

Windows 10 支持多用户使用,不同用户拥有各自的文件夹、桌面设置和用户访问权限。其中管理员账户拥有计算机系统的最高权限。

1. 创建管理员账户密码

①用鼠标双击桌面上控制面板图标“ ”(也可单击任务栏搜索图标“ ”,输入“控制面板”后回车),弹出“控制面板”窗口,如图 3-45 所示。

图 3-45　Windows 10 控制面板

②在“控制面板”窗口中单击“用户账户”，窗口切换到“用户账户”窗口，如图 3-46 所示。

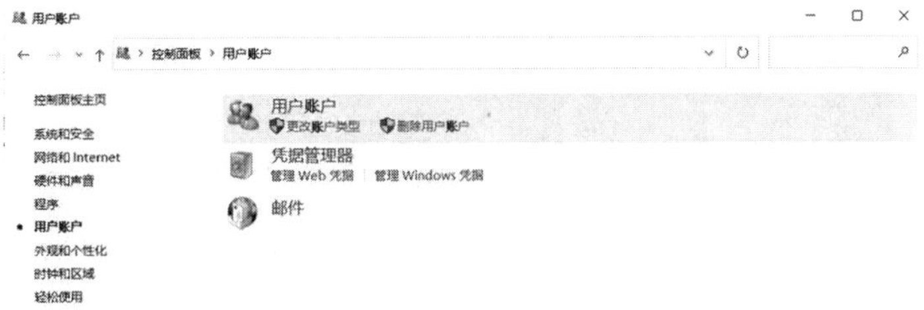

图 3-46 “用户账户”窗口

③在如图 3-46 所示的窗口中，单击“用户账户”，窗口右侧切换到“更改账户信息”窗口，如图 3-47 所示。

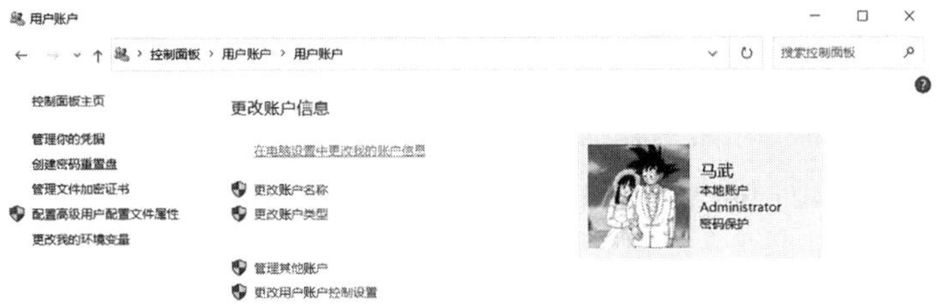

图 3-47 用户账户 - 更改账户信息窗口

④单击“在电脑设置中更改我的账户信息”，在弹出的“设置”窗口中单击“登录选项”，如图 3-48 所示。

图 3-48 设置 - 登陆选项窗口

⑤在弹出的“登录选项”窗口中，单击“密码”选项，可根据系统提示完成密码设置，如图 3-49 所示。

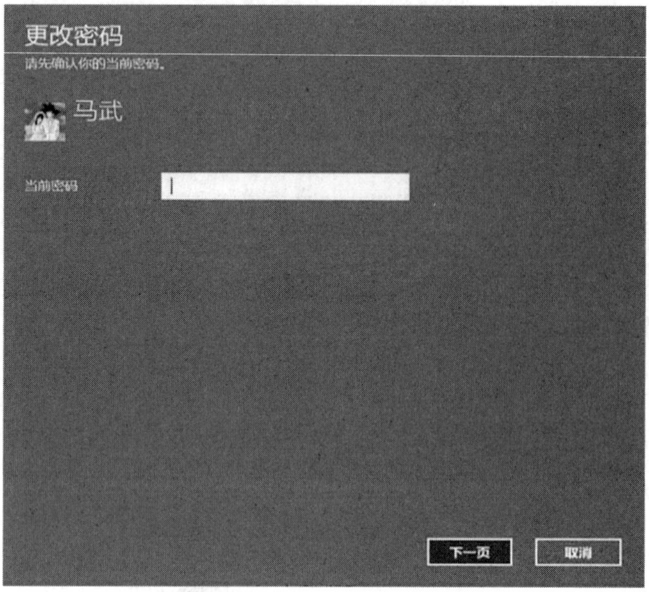

图 3-49　更改密码窗口

2. 创建新账户

①在如图 3-48 所示的窗口中，单击“家庭和其他用户”选项，窗口右侧将切换到“家庭和其他用户”窗口，如图 3-50 所示。

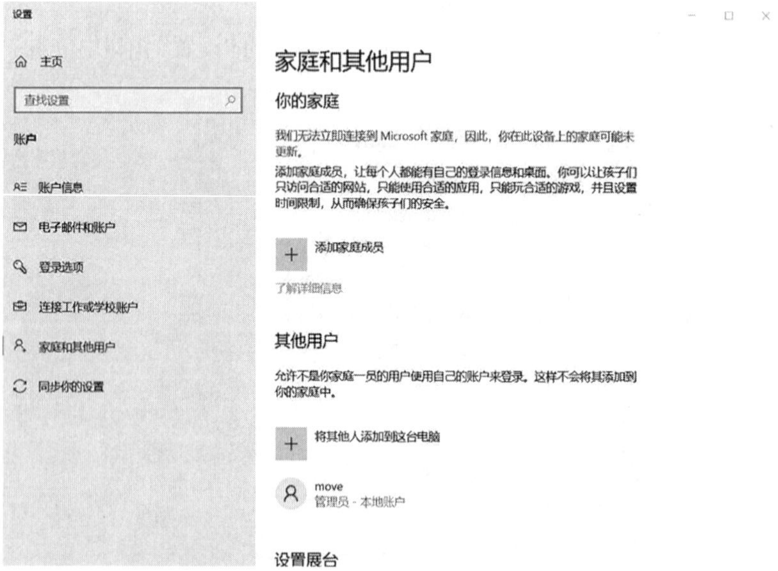

图 3-50　设置 - 家庭和其他用户窗口

②单击“将其他人添加到这台电脑”前面的“+”，弹出“Microsoft 账户”窗口，如图 3–51 所示。

图 3–51　Microsoft 账户窗口

③在“Microsoft 账户”窗口中单击“我没有这个人的登录信息”选项，窗口将切换到“创建账户”页面，如图 3–52 所示。

图 3–52　Microsoft 账户 – 创建账户窗口

④在如图 3–52 所示的窗口中，单击“添加一个没有 Microsoft 账户的用户”选项，窗口切换到“为这台电脑创建用户”窗口，根据页面提示输入账户信息，单击“下一步”按钮即可创建一个新的账户，如图 3–53 所示。

3. 删除创建账户

①创建账户后，“设置”窗口右侧将显示创建的账户信息，如图 3–54 所示。

②在如图 3–54 所示的窗口中，单击要删除的账户图标，则会在该账户图标下显示“删除”按钮，如图 3–55 所示。

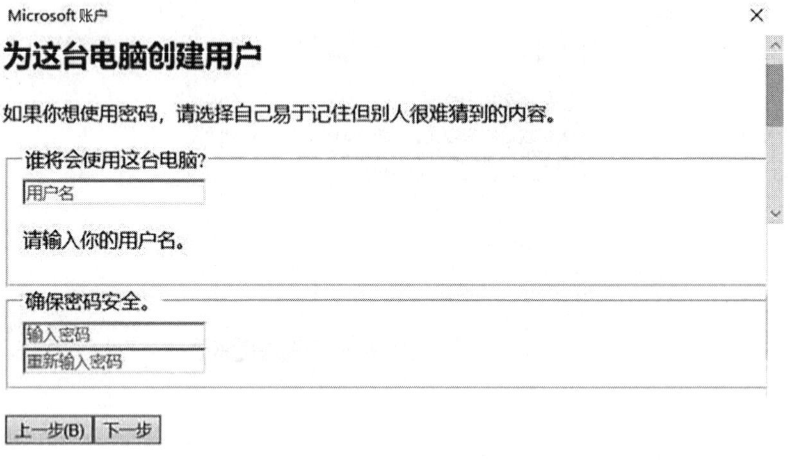

图 3–53　Microsoft 账户 – 为这台电脑创建用户窗口

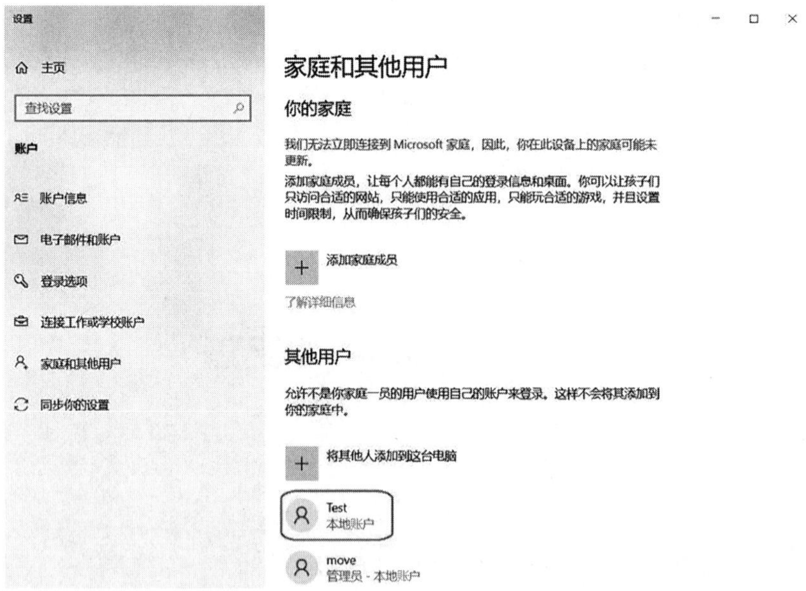

图 3–54　设置 – 显示创建账户窗口

③在如图 3–55 所示的窗口中，单击“删除”按钮，弹出“要删除账户和数据吗？”对话框，单击“删除账户和数据”按钮即可删除该用户，如图 3–56 所示。

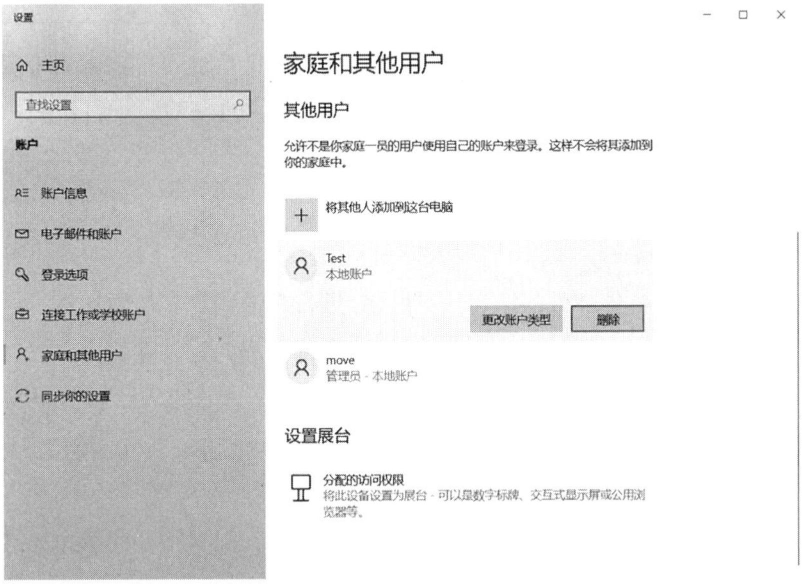

图 3-55　设置－删除创建账户窗口

图 3-56　“要删除账户和数据吗？”对话框

项目习题

一、选择题

1. 下列叙述中，正确的是（　　）。

A.CPU 能直接读取硬盘上的数据　　B.CPU 能直接存取内存储器

C.CPU 由存储器、运算器和控制器组成　　D.CPU 主要用来存储程序和数据

2. 汇编语言是一种（　　）。

A. 依赖于计算机的低级程序设计语言　　B. 计算机能直接执行的程序设计语言

C. 独立于计算机的高级程序设计语言　　D. 面向问题的程序设计语言

3. 计算机的硬件主要包括中央处理器（CPU）、存储器、输出设备和（　　）。

A. 键盘　　B. 鼠标　　C. 输入设备　　D. 显示器

4.下列软件中，属于系统软件的是（　　）。

A.办公自动化软件　B.Windows XP　C.管理信息系统　D.指挥信息系统

5.已知英文字母 m 的 ASCII 码值为 6DH，那么 ASCII 码值为 71H 的英文字母是（　　）。

A.M　B.j　C.P　D.q

6.控制器的功能是（　　）。

A.指挥、协调计算机各部件工作　B.进行算术运算和逻辑运算

C.存储数据和程序　D.控制数据的输入和输出

7.声音与视频信息在计算机内的表现形式是（　　）。

A.二进制数字　B.调制　C.模拟　D.模拟或数字

8.计算机系统软件中最核心的是（　　）。

A.语言处理系统　B.操作系统　C.数据库管理系统　D.诊断程序

9.下列关于计算机病毒的说法中，正确的是（　　）。

A.计算机病毒是一种有损计算机操作人员身体健康的生物病毒

B.计算机病毒发作后，将造成计算机硬件永久性的物理损坏

C.计算机病毒是一种通过自我复制进行传染的，破坏计算机程序和数据的小程序

D.计算机病毒是一种有逻辑错误的程序

10.能直接与 CPU 交换信息的存储器是（　　）。

A.硬盘存储器　B.CD-ROM　C.内存储器　D.软盘存储器

11.下列叙述中，错误的是（　　）。

A.把数据从内存传输到硬盘的操作称为写盘

B.WPS Office 2010 属于系统软件

C.把高级语言源程序转换为等价的机器语言目标程序的过程叫编译

D.计算机内部对数据的传输、存储和处理都使用二进制

12.以下关于电子邮件的说法，不正确的是（　　）。

A.电子邮件的英文简称是 E-mail

B.加入因特网的每个用户通过申请都可以得到一个"电子信箱"

C.在一台计算机上申请的"电子信箱"，以后只有通过这台计算机上网才能收信

D.一个人可以申请多个电子信箱

13.RAM 的特点是（　　）。

A.海量存储器

B.存储在其中的信息可以永久保存

C. 一旦断电，存储在其上的信息将全部消失，且无法恢复

D. 只用来存储中间数据

14. 因特网中 IP 地址用四组十进制数表示，每组数字的取值范围是（ ）。

A.0~127 B.0~128 C.0~255 D.0~256

15. 下列设备组中，完全属于输入设备的一组是（ ）。

A.CD-ROM 驱动器、键盘、显示器 B. 绘图仪、键盘、鼠标

C. 键盘、鼠标、扫描仪 D. 打印机、硬盘、条码阅读器

二、操作题

1. 在桌面上创建一个名为“计算机基础”的文件夹，然后将该文件夹复制两个，分别命名为“计算机基础 1”和“计算机基础 2”，将“计算机基础 2”文件夹移动到“计算机基础 1”文件夹中，最后将桌面上的“计算机基础”文件夹删除。

2. 在 D 盘上创建一个名为“资料夹”的文件夹，然后在该文件夹中新建一个名为“计算机一级题库”的 Word 2016 文件，将该文件复制到 Windows 10 桌面，最后将“资料夹”文件夹删除。

3. 打开“回收站”窗口，还原“资料夹”文件夹，然后清空回收站。

4. 查看 C 盘属性，并将 C 盘重命名为“系统盘”。

5. 设置计算机时间与 Internet 时间同步。

项目四

文字处理软件的应用

WPS文档是WPS Office的重要组成部分之一，是一款具有丰富的文字处理功能，能进行图、文、表混排，拥有所见即所得、易学易用等特点的文字处理软件，是当前深受广大用户欢迎的文字处理软件之一。

通过本项目的学习，应达到的目标如下：

掌握创建、编辑、保存和打印文档的方法；

掌握浏览文档、设置超链接的方法；

掌握文档格式设置的方法；

掌握常用的表格操作；

掌握图文表混合排版的方法。

任务一　文档编辑

WPS 文档的工作界面主要包括标签栏、功能区、编辑区、导航窗格、任务窗格、状态栏等部分，如图 4-1 所示。

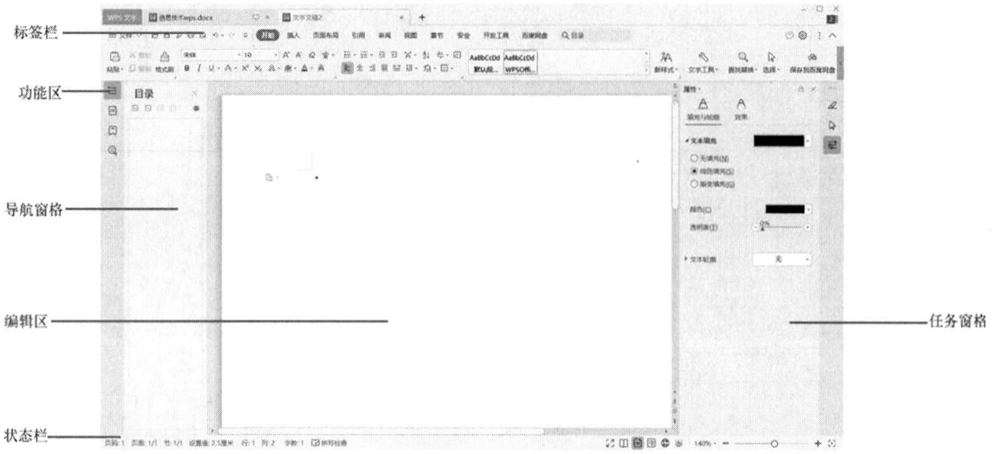

图 4-1　文档工作界面

一、输入文本

在文档的编辑区，光标显示为闪烁的竖线，光标所在的位置称为插入点。当用户在文字文档中输入内容时，文本插入点会自动后移，输入的内容也会同时显示，如图 4-2 所示。

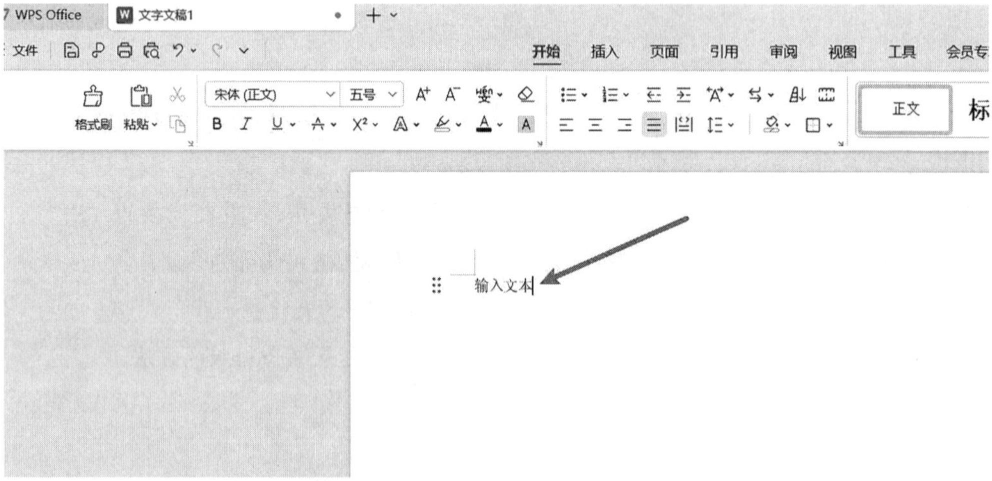

图 4-2　输入文本

在输入文字时，可根据需要输入中文、英文文本。输入英文文本的方法非常简单，直接按键盘上对应的字母键即可；如果要输入中文文本，则需要先切换到合适的中文输入法再进行输入操作（按“Shift”键可切换中英文）。

在文字文档中输入文本前，需要先定位文本插入点，通常通过单击进行定位。当光标定位好插入点后，切换到自己常用的输入法，即可输入相应的文本内容。在输入的文本满行后，插入点会自动转到下一行。若需要开始新的段落，可按“Enter”键换行。

在输入过程中，按“Backspace”键可删除插入点前面的内容，按“Delete”键可删除插入点后面的内容。

【真题练习 1】

在文档中输入以下中文文本：“信息技术的发展改变了我们的生活方式。现在，我们可以通过互联网获取各种信息，进行远程工作和学习。”在“生活方式”后面插入英文“lifestyle”，并确保英文文本与中文文本之间有一个空格。将光标定位到“远程工作和学习”之前，按“Enter”键开始新的段落。在新段落中输入英文文本：“Remote work and learning have become more popular due to the pandemic.”删除“due to the pandemic”这部分英文文本。

【解题步骤】

首先，打开软件并创建一个新文档。接下来，在文档中输入中文文本：“信息技术的发展改变了我们的生活方式。现在，我们可以通过互联网获取各种信息，进行远程工作和学习。”然后，按“Shift”键切换至英文输入法，确保英文文本与中文文本之间有一个空格。之后，将光标定位到“远程工作和学习”之前，并按“Enter”键开始一个新的段落。在新段落中，输入英文文本：“Remote work and learning have become more popular due to the pandemic”。接着，将光标定位到“due to the pandemic”之后，并按下“Backspace”键。

二、插入特殊符号

特殊符号不能从键盘直接输入。要插入特殊符号，可在插入工具栏中单击“符号”下拉按钮符号，打开符号下拉菜单，如图 4–3 所示。在符号下拉菜单中单击需要的符号可将其插入文档。

在插入工具栏中单击“符号”按钮，可打开符号对话框，如图 4–4 所示。在对话框中双击需要的符号，或者在单击选中符号后，单击“插入”按钮，可将符号插入文档。

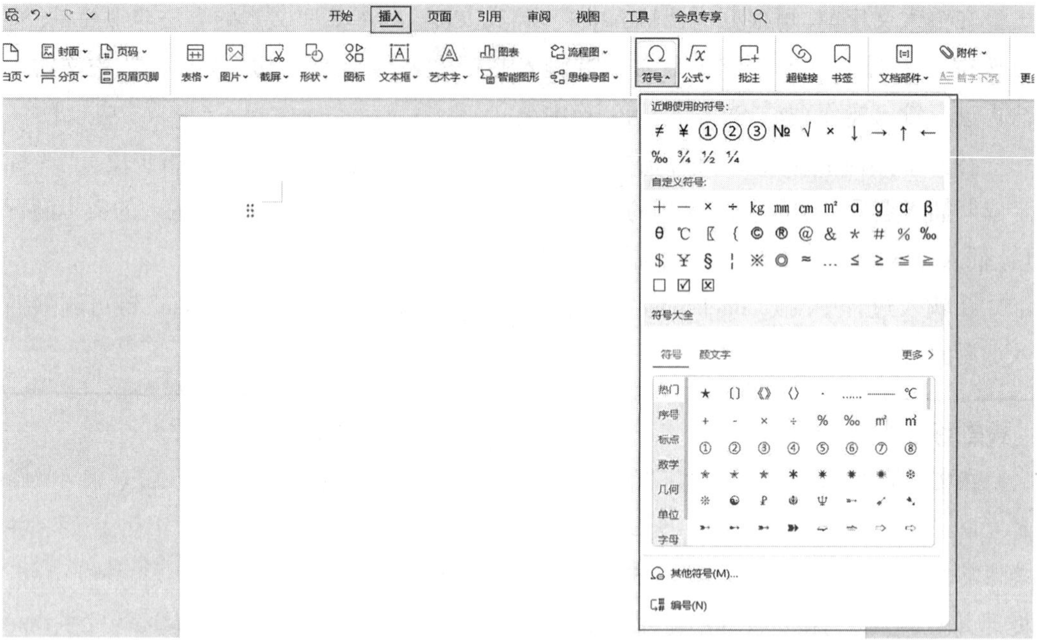

图 4-3　插入特殊符号

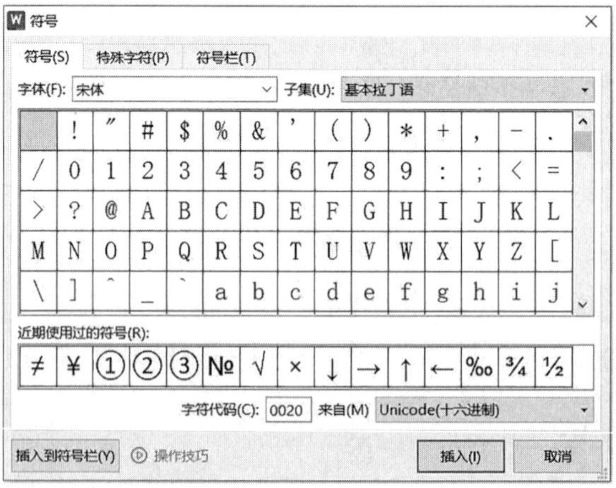

图 4-4　插入符号

友情提示

符号下拉菜单一次只能插入一个符号，完成插入后菜单自动关闭。符号对话框可插入多个符号，直到手动关闭对话框。

【真题练习 2】

使用 WPS 文字处理软件，在文档中插入三个不同的特殊符号：一个货币符号（如美元符号 $）、一个数学符号（如平方根√‾）和一个标点符号（例如半个省略号…）。

【解题步骤】

打开你的 WPS，并创建一个新的文档或打开一个现有的文档。

（1）插入货币符号（美元符号 $）

①在文档中输入一些文本，以便你能看到特殊符号插入后的效果。

②在 WPS 的顶部菜单栏中，找到“插入”选项卡。

③在“插入”选项卡下，找到“符号”按钮，单击它旁边的下拉按钮，打开符号下拉菜单。

④在下拉菜单中，浏览并找到美元符号 $。

⑤单击美元符号“$”，将它插入光标所在的位置。

（2）插入数学符号（平方根$\sqrt{\ }$）

①确保光标位于想要插入平方根符号的位置。

②在符号对话框中，选择“数学”选项卡来找到平方根符号。

③浏览并找到平方根符号“$\sqrt{\ }$”，然后双击它，或者选中它后单击“插入”按钮。

（3）插入标点符号（半个省略号…）

①将光标移动到想要插入省略号的位置。

②回到符号下拉菜单（可以通过再次单击“符号”按钮旁边的下拉按钮来打开它）。

③在下拉菜单中，浏览并找到半个省略号“…”。

④单击半个省略号“…”，将它插入光标所在的位置。

三、移动插入

在编辑文档时，往往需要移动插入点，然后在插入点位置执行输入或编辑操作。单击需要定位插入点的位置，可将插入点移动到该位置，也可通过键盘移动到插入点位置。

可使用下面的快捷键移动插入点：

- 按“←”键：将插入点向前移动一个字符。
- 按“→”键：将插入点向后移动一个字符。
- 按“↑”键：将插入点向上移动一行。
- 按“↓”键：将插入点向下移动一行。
- 按“Home”键：将插入点移动到当前行行首。
- 按“End”键：将插入点移动到当前行末尾。
- 按“Ctrl+Home”键：将插入点移动到文档开头。
- 按“Ctrl+End”键：将插入点移动到文档末尾。

● 按 “Page Down” 键：将插入点向下移动一页。

● 按 “Page Up” 键：将插入点向上移动一页。

四、选择内容

在执行复制、移动、删除或设置格式等各种操作时，往往需要先选中内容。可使用下面的方法选择内容：

● 选择连续内容：单击开始位置，按住 “Shift” 键，再单击末尾位置；或者在按住 “Shift” 键的同时，按住鼠标左键拖动选择连续内容。

● 选择多段不相邻的内容：选中第一部分内容后，按住 “Ctrl” 键，再单击另一部分内容开始位置，按住鼠标左键拖动选择连续内容。

● 选择词组：双击可选中词组。

● 选择一行：将光标移动到编辑区左侧，鼠标指针变成 “↗” 形状时，单击鼠标左键。

● 选择一个段落：将光标移动到编辑区左侧，鼠标指针变成 “↗” 形状时，双击鼠标左键；或者将光标移动到要选择的行中，连续 3 次单击鼠标左键。

● 选择整个文档：将光标移动到编辑器左侧，鼠标指针变成 “↗” 形状时，连续 3 次单击鼠标左键；或者按 “Ctrl+A” 键。

● 选择矩形区域：按住 “Alt” 键，再按住鼠标左键拖动选择内容。

五、复制和粘贴

1. 复制文本

方法一：选中要复制的内容后，按 “Ctrl+C” 键。

方法二：在 “开始” 工具栏中单击 “复制” 按钮，或者用鼠标右键单击选中的内容，然后在快捷菜单中选择 “复制” 命令，执行复制操作，如图 4-5 所示。

2. 粘贴文本

方法一：将插入点定位到要粘贴内容的位置，按 “Ctrl+V” 键。

方法二：在 “开始” 工具栏中单击 “粘贴” 按钮，或者在插入点单击鼠标右键，然后在快捷菜单中选择 “粘贴” 命令，执行粘贴操作，如图 4-6 所示。

执行粘贴操作时，可单击开始菜单中的 “粘贴” 下拉按钮，打开粘贴菜单，在其中选择 “带格式粘贴” “匹配当前格式” “只粘贴文本” 或 “选择性粘贴” 等粘贴方式，如图 4-7 所示；也可在鼠标右键快捷菜单中选择粘贴方式。

3. 移动内容

移动内容就是剪切内容后再粘贴到其他位置。

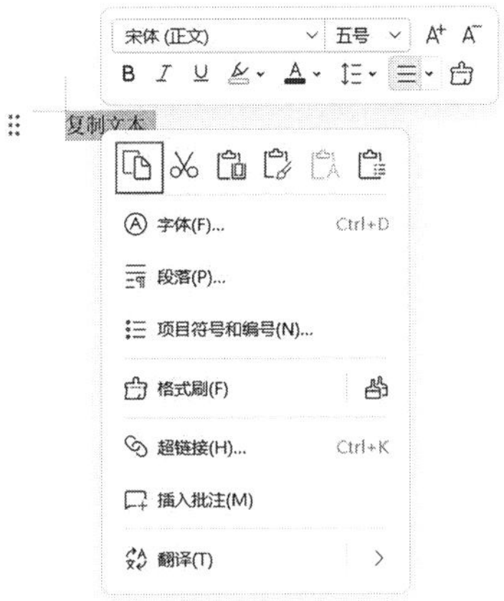

图 4–5　复制文本

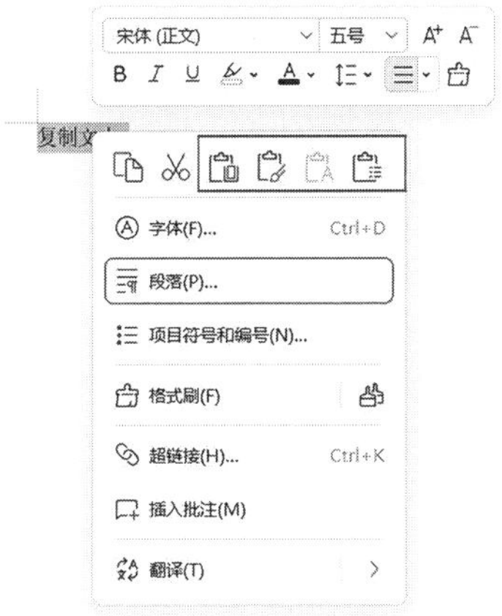

图 4–6　粘贴文本

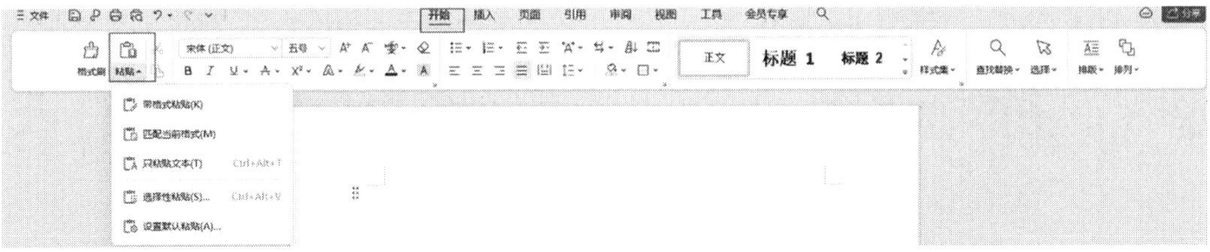

图 4–7　粘贴菜单

方法一：选中要剪切制的内容后，按 “Ctrl+X” 键。

方法二：在 “开始” 工具栏中单击 “剪切” 按钮，如图 4–8 所示。

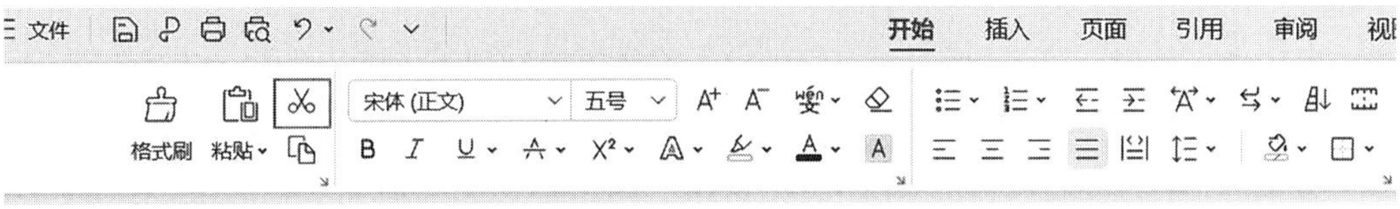

图 4–8　剪切按钮

方法三：用鼠标右键单击选中的内容，然后在快捷菜单中选择 “剪切” 命令，执行剪切操作，如图 4–9 所示。

方法四：选中内容后，通过按住鼠标左键拖动的方式，将选中的内容拖动到其他位置。

图 4–9　快捷菜单剪切命令

六、撤销和恢复

1. 撤销

方法一：在编辑文档时，按 “Ctrl+Z” 键或单击快速访问工具栏中的“撤销”按钮，可撤销之前执行的操作，如图 4–10 所示。

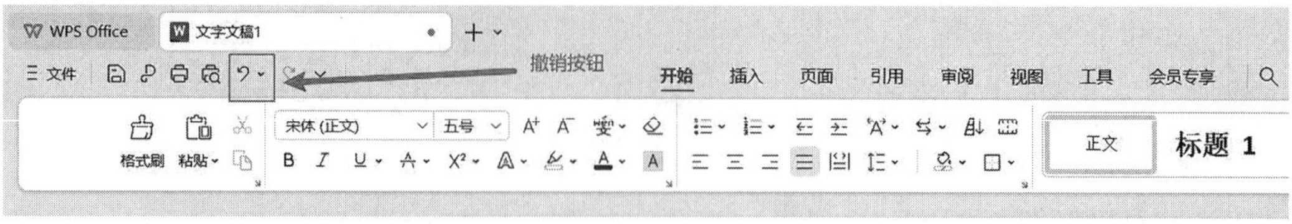

图 4–10　撤销按钮

方法二：单击“撤销”按钮右侧的下拉按钮，打开操作列表，单击列表中的操作，可撤销该操作及之前的所有操作，如图 4–11 所示。

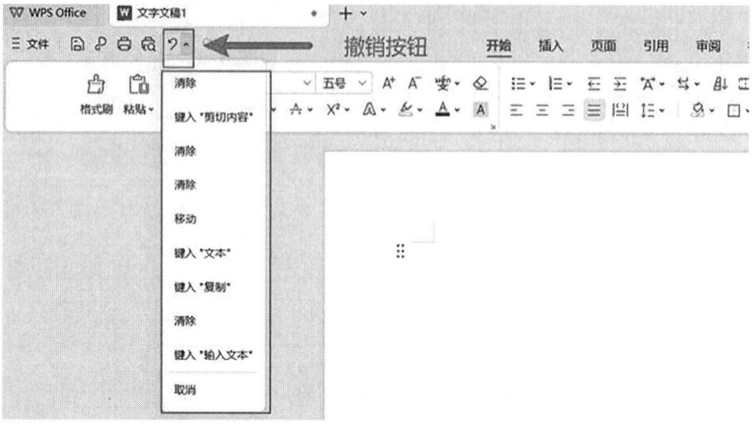

图 4–11　撤销列表

2. 恢复

方法一：按“Ctrl+Y”键。

方法二：单击快速访问工具栏中的“恢复”按钮，可恢复之前撤销的操作，如图 4–12 所示。

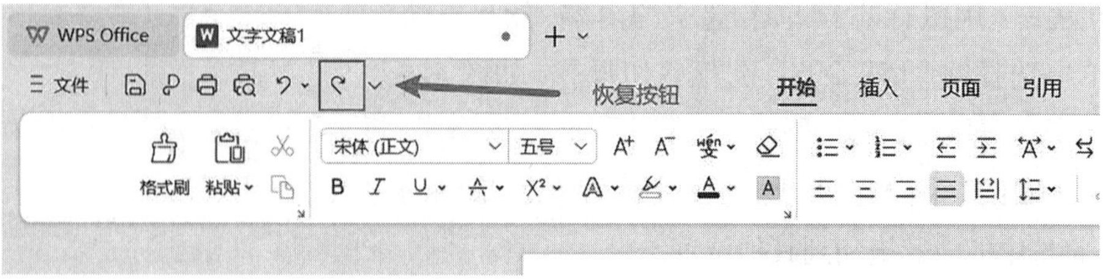

图 4–12　恢复按钮

七、查找与替换

1. 查找

查找功能用于在文档中快速定位关键词。

①在开始菜单栏中找到“查找替换”，如图 4–13 所示。

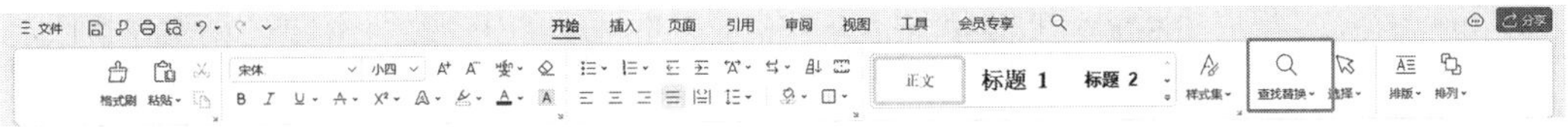

图 4–13 查找替换

②选择“查找”，如图 4–14 所示。

③在弹出的对话框中输入查找内容后按“Enter”键，文档返回输入的查找内容，如图 4–15 所示。

图 4–14 查找替换菜单

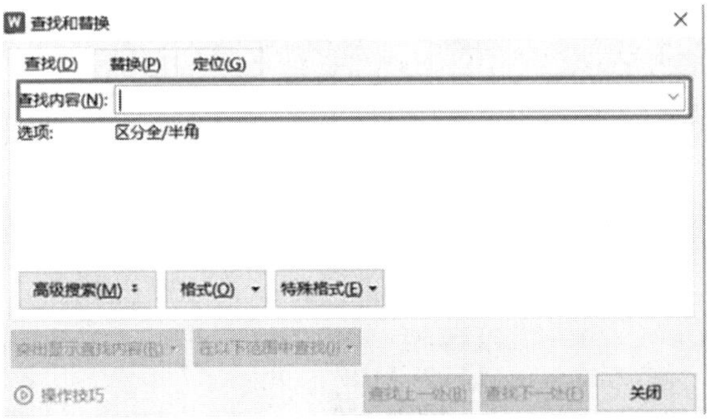

图 4–15 查找窗格

④查找和替换窗格下方会显示匹配结果数量和查找结果。在查找结果和文档中，匹配结果用黄色背景标注，并将第一个匹配结果显示到窗口中。在匹配结果中单击包含匹配结果的段落，可使该段落在窗口中显示。

⑤单击查找和替换窗格中的“查找上一处”按钮或“查找下一处”按钮，可按顺序向上或向下在文档中切换匹配的查找结果。

2. 替换

替换功能用于将匹配的查找结果替换为指定内容，使用替换功能的操作步骤如下。

①在查找和替换窗格的搜索框中输入关键词执行查找操作，如图 4–16 所示。

②输入替换内容，单击“替换”按钮，按先后顺序替换匹配的查询结果，单击一次将替换一个查找结果；单击“全部替换”按钮，可替换全部匹配的查找结果。

③在查找和替换窗格中单击“高级搜索”按钮，或单击“开始”工具栏中的“查找”按钮，或者按“Ctrl+F”键，打开“查找和替换”对话框，如图 4–17 所示。

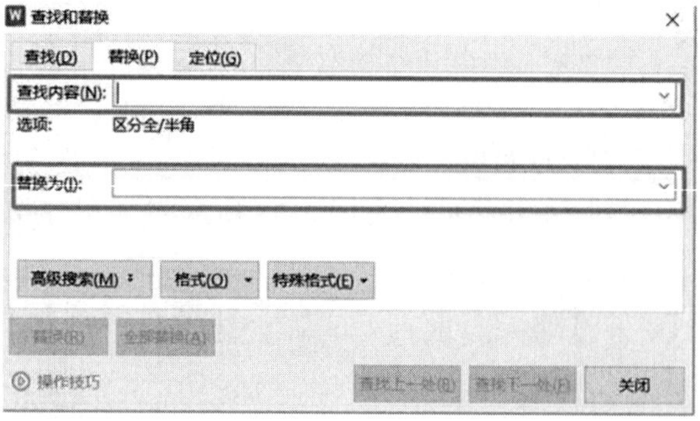

图 4–16　替换窗格

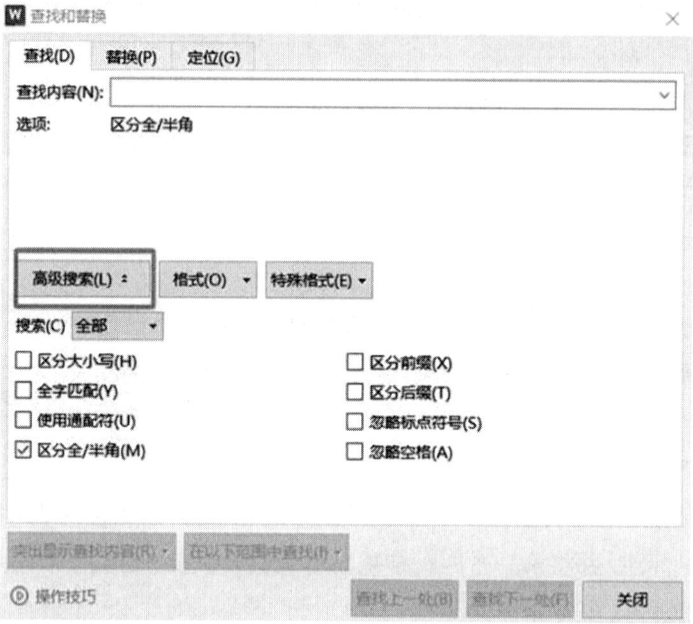

图 4–17　高级搜索按钮

“查找和替换”对话框的“查找”选项卡用于执行查找操作，“替换”选项卡用于执行替换操作，“定位”选项卡用于执行定位插入点操作。

单击“高级搜索”按钮，可显示或隐藏高级搜索选项，选中高级搜索选项时，可在搜索时执行相应操作。

单击“格式”按钮，打开下拉菜单，在菜单框中选择设置字体、段落、制表符、样式、突出显示等格式，在搜索时匹配指定格式。

单击“特殊格式”按钮，打开下拉菜单，在菜单中选择要查找的特殊格式，如段落标记、制表符、图形、分节符等。

【真题练习 3】

将图 4–18 中文档里的 2 个段落标记改成 1 个段落标记，并将所有“人才管理”一词替换为“人才培养”。

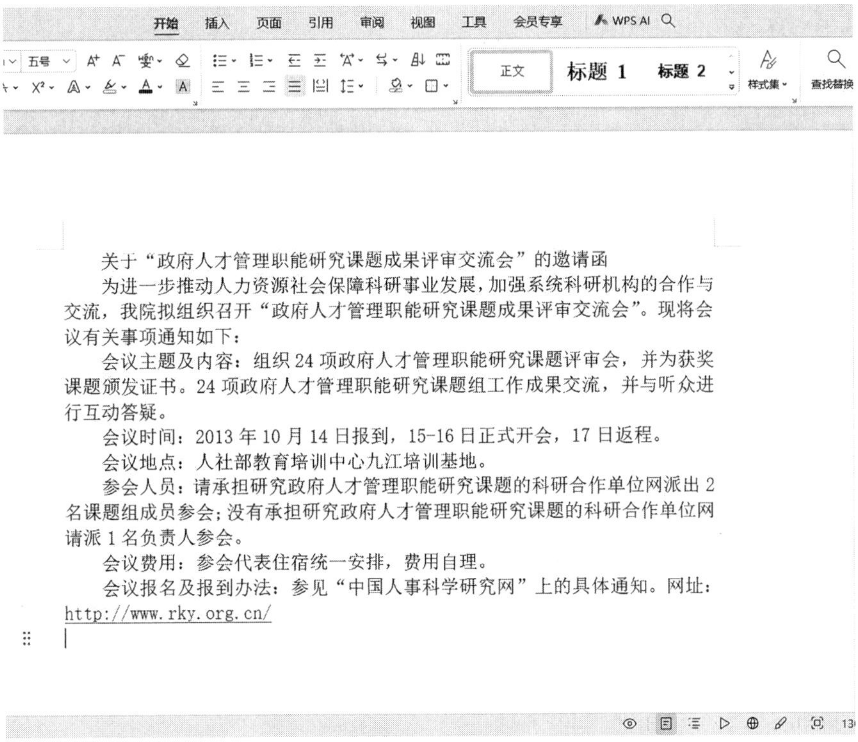

图 4–18　邀请函文档

【解题步骤】

步骤 1：打开考生文件夹下的 wps.docx 文件。第一种方法：在【开始】功能区中单击“查找替换”下拉按钮，在下拉列表中选择“替换”命令，弹出“查找和替换”对话框，在“查找内容”中输入 2 个段落标记，在“替换为”中输入 1 个段落标记，单击“全部替换”按钮，在弹出的提示框中单击“确定”按钮，返回到“查找和替换”对话框，最后单击“关闭”按钮。

第二种方法：在【开始】功能区中单击“文字工具”下拉按钮，在下拉列表中选择“删除”，在级联菜单中单击“删除空段”。

步骤 2：在【开始】功能区中，单击“查找替换”下拉按钮，在下拉列表中选择“替换”命令，弹出“查找和替换”对话框，在“查找内容”中输入“人才管理”，在“替换为”中输入“人才培养”，单击“全部替换”按钮，在弹出的提示框中单击“确定”按钮，返回到“查找和替换”对话框，最后单击“关闭”按钮。

任务二 格式设置

一、文本格式

图 4-19 字体组合框

1. 设置字体

选中文本后，可在“开始”工具栏中的“字体”组合框中输入字体名称，或者单击组合框右侧的下拉按钮，打开字体列表，从列表中选择字体。“字体”组合框会显示插入点前面文本的字体。图 4-19 所示为 WPS 内置的不同字体。

2. 设置字号

选中文本后，可在“开始”工具栏中的“字号”组合框中输入字号大小，或者单击组合框右侧的下拉按钮，打开字号列表，从列表中选择字号，如图 4-20 所示；也可在字号组合框中输入字号列表中未包含的字号。例如，在“字号”组合框中输入 200，可设置超大文字。选中文本后，单击“开始”工具栏中的“增大字号”按钮“A+”或按“Ctrl+]”键，可增大字号；单击“减小字号”按钮“A-”或按“Ctrl+[”键，可减小字号。

3. 设置字形

（1）设置字体加粗和倾斜效果

选中文本后，单击“开始”工具栏中的“加粗”或“倾斜”按钮，即可设置字体加粗和倾斜效果。

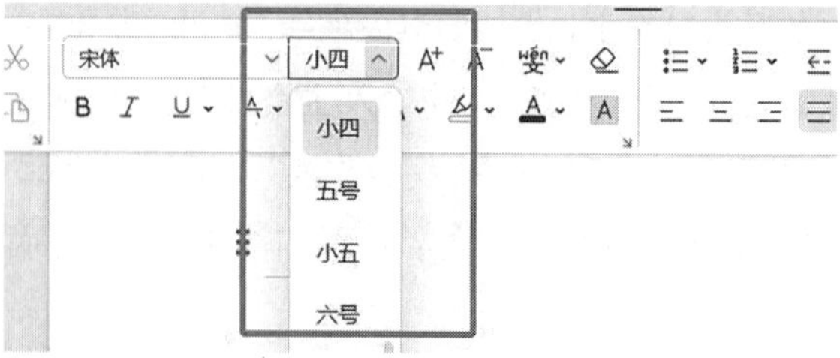

图 4-20 字号组合框

（2）文本加下划线

选中文本后，单击“开始”工具栏中的“下划线”按钮或按“Ctrl+U”键，可为文本添加或取消下划线。单击“下划线”按钮右侧的下拉按钮，打开下拉菜单，在其中可选择下划线样式以及设置下划线颜色。

（3）文本加删除线 / 着重号

选中文本后，单击“开始”工具栏中的“删除线”按钮，可为文本添加或取消删除线和着重号。单击“删除线”按钮右侧的下拉按钮，打开下拉菜单，选择其中的“着重号”命令，可在文本下方添加着重符号，如图 4–21 所示。

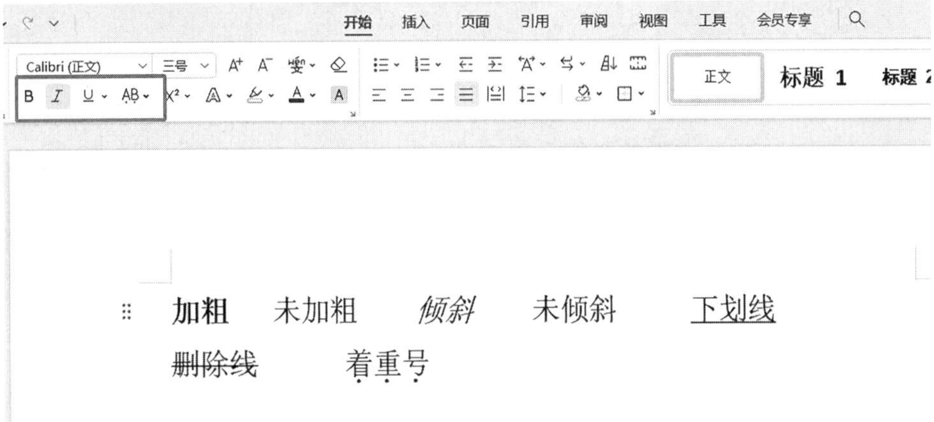

图 4–21　删除线和着重号按钮

4. 上标和下标

选中文本后，单击“开始”工具栏中的“ x^2 ”按钮，可将所选文本设置为上标；选中文本后，单击“开始”工具栏中的“ x_2 ”按钮，可将所选文本设置为下标，如图 4–22 所示。

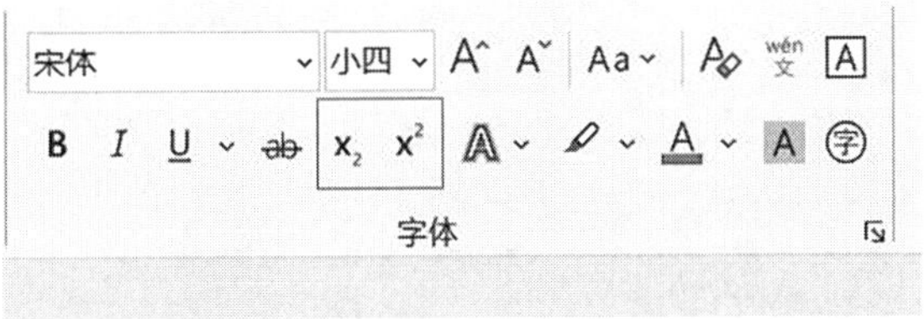

图 4–22　设置上下标

5. 文字效果

选中文本后，单击“开始”工具栏中的“ A ”按钮，打开下拉菜单，菜单中选择为文本添加艺术字、阴影、倒影、发光等多种效果，如图 4–23 所示。

6. 设置字符底纹

选中文本后，单击“开始”工具栏中的“ A ”按钮，可为文本添加或取消底纹，如图 4–24 所示。

图 4-23　设置文字效果

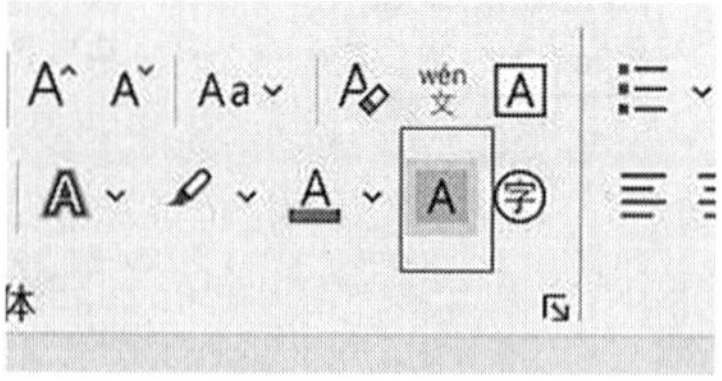

图 4-24　设置字符底纹

7. 为汉字添加拼音

选中文本后，单击“开始”工具栏中的“拼音指南”按钮打开“拼音指南”对话框，如图 4-25 所示。在对话框中可设置拼音的对齐方式、偏移量、字体、字号等相关属性，或者删除已添加的拼音。

图 4-25　拼音指南

8. 字体对话框

单击“开始”工具栏的“字体”右下角按钮或者单击鼠标右键，在快捷菜单中选择“字体”命令，打开“字体”对话框，如图 4–26 所示。

在“字体”对话框的“字体”选项卡中，可设置与文本字体相关的属性；在“字符间距”选项卡中，可设置字符间距，如图 4–27 所示。单击选项卡下方的“操作技巧”按钮，可打开浏览器查看 WPS 学院网站提供的字体设置技巧视频教程。

图 4–26 字体对话框

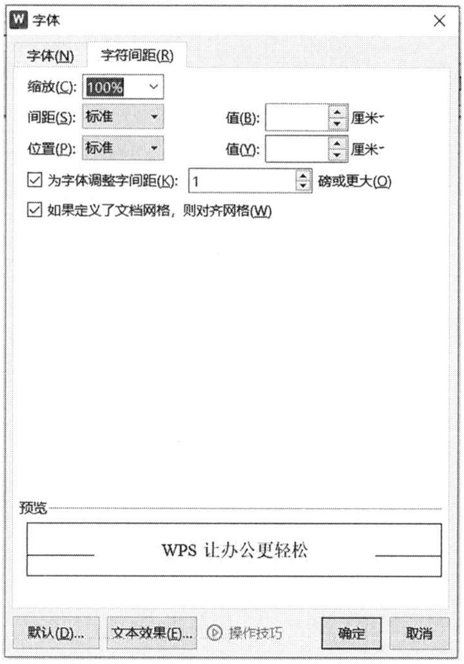

图 4–27 字符间距对话框

【真题练习 4】

打开所给素材文件夹中的“项目四真题练习 4.docx”，如图 4–28 所示，按照下面要求完成练习。

1. 删除文中所有的空段，将文中的“北京礼品”一词替换为“北京礼物”。

2. 将标题“北京礼物 Beijing Gifts”设为小二号字、红色并居中对齐，将其中的中文“北京礼物”设为黑体，英文“Beijing Gifts”设为英文字体“Times New Roman”，并仅为英文加圆点型着重号。将考生文件夹下的图片 gif.jpg 插入标题文字左侧。

3. 设置正文段（“来到北京，……，规范化、高效化的中国礼物。”）为蓝色、小四号字，首行缩进 2 个字符，段前间距为 0.5 行，行间距为 1.5 倍。

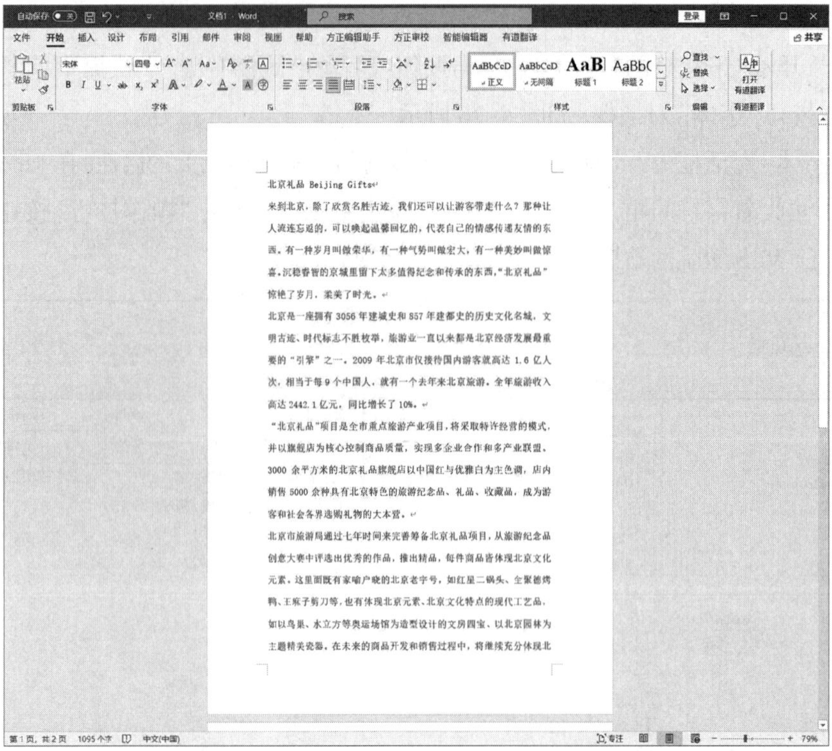

北京礼品 Beijing Gifts

来到北京，除了欣赏名胜古迹，我们还可以让游客带走什么？那种让人流连忘返的，可以唤起温馨回忆的，代表自己的情感传递友情的东西。有一种岁月叫做荣华，有一种气势叫做宏大，有一种美妙叫做惊喜。沉稳睿智的京城里留下太多值得纪念和传承的东西，“北京礼品”惊艳了岁月，柔美了时光。

北京是一座拥有 3056 年建城史和 857 年建都史的历史文化名城，文明古迹、时代标志不胜枚举，旅游业一直以来都是北京经济发展最重要的“引擎”之一。2009 年北京市仅接待国内游客就高达 1.6 亿人次，相当于每 9 个中国人，就有一个去年来北京旅游。全年旅游收入高达 2442.1 亿元，同比增长了 10%。

“北京礼品”项目是全市重点旅游产业项目，将采取特许经营的模式，并以旗舰店为核心控制商品质量，实现多企业合作和多产业联盟。3000 余平方米的北京礼品旗舰店以中国红与优雅白为主色调，店内销售 5000 余种具有北京特色的旅游纪念品、礼品、收藏品，成为游客和社会各界选购礼物的大本营。

北京市旅游局通过七年时间来完善筹备北京礼品项目，从旅游纪念品创意大赛中评选出优秀的作品，推出精品，每件商品皆体现北京文化元素。这里面既有家喻户晓的北京老字号，如红星二锅头、全聚德烤鸭、王麻子剪刀等，也有体现北京元素、北京文化特点的现代工艺品，如以鸟巢、水立方等奥运场馆为造型设计的文房四宝、以北京园林为主题精美瓷器。在未来的商品开发和销售过程中，将继续充分体现北

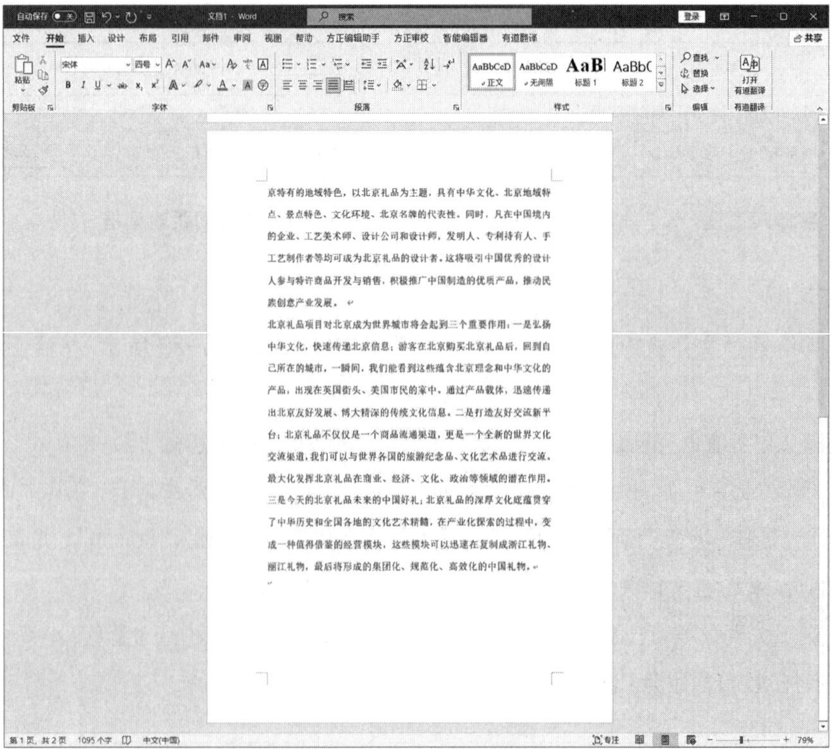

京特有的地域特色，以北京礼品为主题，具有中华文化、北京地域特点、景点特色、文化环境、北京名牌的代表性。同时，凡在中国境内的企业、工艺美术师、设计公司和设计师，发明人、专利持有人、手工艺制作者等均可成为北京礼品的设计者。这将吸引中国优秀的设计人参与特许商品开发与销售，积极推广中国制造的优质产品，推动民族创意产业发展。

北京礼品项目对北京成为世界城市将会起到三个重要作用：一是弘扬中华文化，快速传递北京信息；游客在北京购买北京礼品后，回到自己所在的城市，一瞬间，我们能看到这些蕴含北京理念和中华文化的产品，出现在英国街头、美国市民的家中。通过产品载体，迅速传递出北京友好发展、博大精深的传统文化信息。二是打造友好交流新平台；北京礼品不仅仅是一个商品流通渠道，更是一个全新的世界文化交流渠道，我们可以与世界各国的旅游纪念品、文化艺术品进行交流。最大化发挥北京礼品在商业、经济、文化、政治等领域的潜在作用。三是今天的北京礼品未来的中国好礼；北京礼品的深厚文化底蕴贯穿了中华历史和全国各地的文化艺术精髓，在产业化探索的过程中，变成一种值得借鉴的经营模块，这些模块可以迅速在复制成浙江礼物、丽江礼物，最后将形成的集团化、规范化、高效化的中国礼物。

图 4-28　真题练习 4 内容

【解题步骤】

1. 删除空段

第一种方法：打开素材文件夹下的项目四真题练习 1.docx 文件，在“开始”功能区中，“查找替换”的下拉列表中选择“替换”命令，并在弹出的“查找和替换”对话框的“查找内容”中输入 2 个段落标记，在“替换为”中输入 1 个段落标记，单击“全部替换"按钮，并在弹出的提示框中单击“确定”按钮，完成设置。返回“查找和替换”对话框，最后单击“关闭”按钮。

第二种方法：在“开始”功能区“文字工具”的下拉列表中选择“删除”，并在级联菜单中单击“删除空段”。

2. 替换“北京礼品”为“北京礼物”

在“开始”功能区中，单击“查找替换”下拉按钮，在下拉列表中选择“替换”命令，弹出“查找和替换”对话框，在“查找内容”中输入“北京礼品”，在“替换为”中输入“北京礼物”，单击“全部替换”按钮，在弹出的提示框中单击“确定”按钮，返回到“查找和替换”对话框，最后单击“关闭”按钮。

3. 修改标题格式

①选中标题段文字（“北京礼物 Beijing Gifts”），在“开始”功能区中，单击右下角的“字体”对话框启动器按钮，弹出“字体”对话框。在“字体”选项卡中，设置“字号”为“小二”，设置“字体颜色”为“红色”，设置“中文字体”为“黑体”，设置“西文字体”为“Times New Roman”，最后单击“确定”按钮。

②选中标题段文字，在“开始”功能区中，单击“居中对齐”按钮。

③选中标题段文字“Beijing Gifts”，在“开始”功能区中，单击右下角的“字体”对话框启动器按钮，弹出“字体”对话框。在“字体”选项卡中设置“着重号”为“圆点型”，单击“确定”按钮。

④将光标插入标题文字左侧，在“插入”功能区中，单击“图片”下拉按钮，选择“本地图片”，弹出“插入图片”对话框，找到并选中考文件夹下的“项目四真题 1.jpg”，单击“打开”按钮。

4. 修改正文格式

①选中正文段，在“开始”功能区中，单击右下角的“字体”对话框启动器按钮，弹出“字体”对话框。在“字体”选项卡中设置“字号”为“小四”，设置“字体颜色"为“蓝色”，单击“确定”按钮。

②选中正文段，在“开始”功能区中，单击右下角的“段落”对话框启动器按钮，弹出“段落”对话框。在“缩进和间距”选项卡的“缩进”选项组中设置“特殊格式”为“首行缩进”，“度量值”默认为“2 字符”；在“间距”选项组中设置“段前”为“0.5 行”，设置“行距”为“多倍行距”，设置“值”为“1.5 倍”，单击“确定”按钮。

二、段落格式

1. 设置段落对齐方式

设置段落对齐方式有以下几种，如图 4–29 所示。

● 左对齐：段落中的文本向页面左侧对齐。“开始”工具栏中的“左对齐”按钮用于设置左对齐。

● 居中对齐：段落中的文本向页面中间对齐。“开始”工具栏中的“居中对齐”按钮用于设置居中对齐。

● 右对齐：段落中的文本向页面右侧对齐。“开始”工具栏中的“右对齐”按钮用于设置右对齐。

● 两端对齐：自动调整字行间距，使段落中所有行的文本两端对齐。“开始”工具栏中的“两端对齐”按钮用于设置两端对齐。

● 分散对齐：行中的文字均匀分布，使文本向两侧对齐。“开始”工具栏中的“分散对齐”按钮用于设置分散对齐。

图 4–29 段落对齐方式

2. 设置缩进

段落各种缩进的含义如下。

● 左缩进：段落左边界距离页面左侧的缩进量。

● 右缩进：段落右边界距离页面右侧的缩进量。

● 首行缩进：段落第 1 行第 1 个字符距离段落左边界的缩进量。

● 悬挂缩进：段落第 2 行开始的所有行距离段落左边界的缩进量。

图 4–30 展示了各种缩进效果。

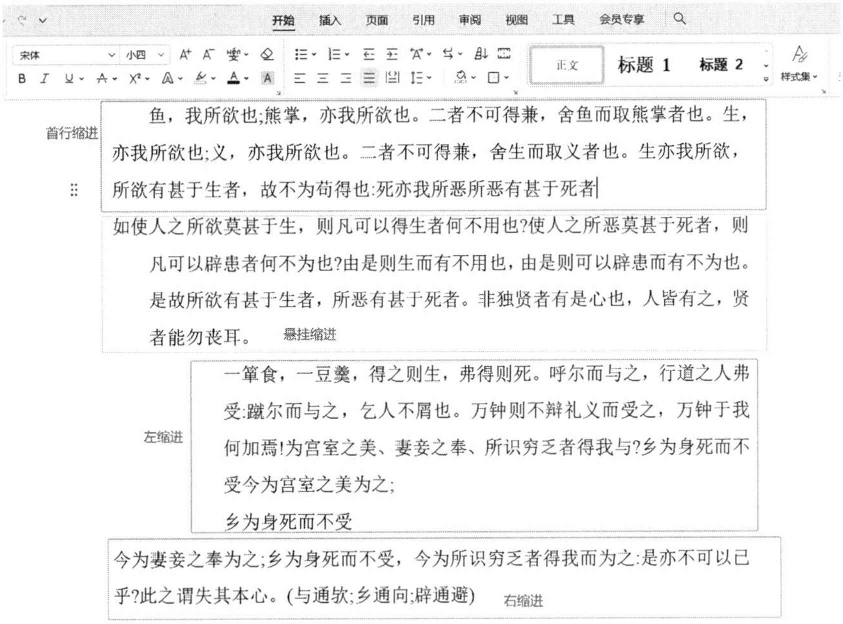

图 4–30　段落缩进

3. 设置行距

行距指段落中行与行之间的间距。单击“开始”工具栏中的“行距”按钮，打开下拉菜单选择其中的命令可为选中内容所在的段落设置行距，图 4–31 所示展示了几种行距效果。

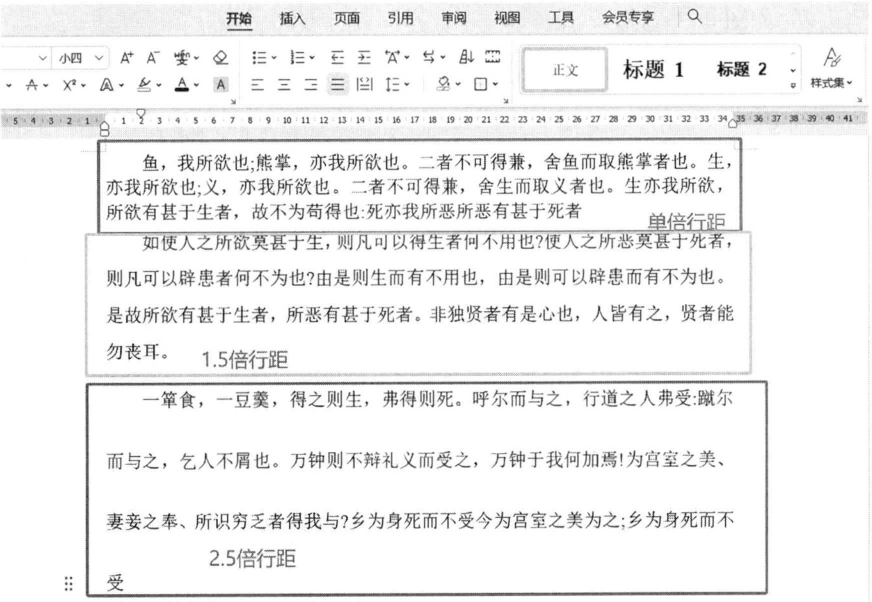

图 4–31　行距

4. 使用段落对话框

选中内容后单击鼠标右键，在快捷菜单中选择“段落”命令，打开“段落”对话框，如图4–32所示。“段落”对话框可用于设置段落的对齐方式、缩进、间距等各种段落格式。

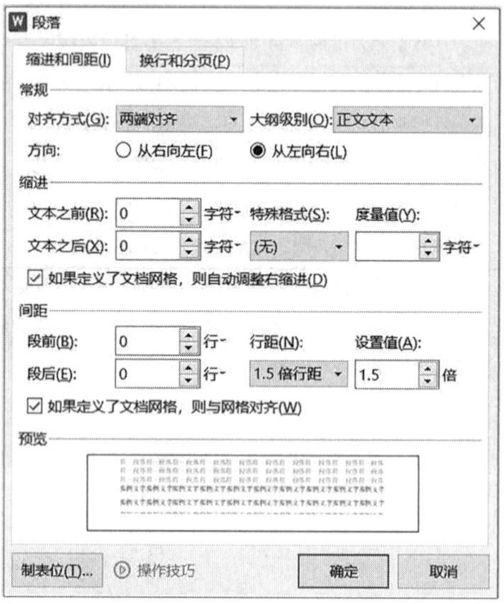

图 4–32　段落对话框

5. 设置段落边框

在“开始”工具栏中单击“边框”按钮，可为选中内容所在的段落添加或取消边框。

单击“边框”按钮右侧的下拉按钮，打开边框下拉菜单，在其中可选择设置各种边框，包括取消边框，如图4–33所示。

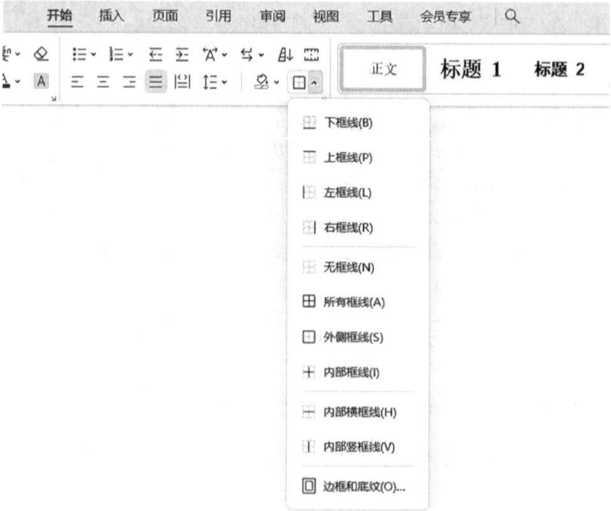

图 4–33　设置边框

6. 设置底纹

在“开始”工具栏中单击“底纹颜色”按钮，可为所选内容添加或取消底纹；没有选中内容时，为插入点所在的段落添加或取消底纹。单击“底纹颜色”按钮右侧的下拉按钮，打开下拉菜单，在其中可选择底纹颜色或者取消底纹颜色，如图 4–34 所示。

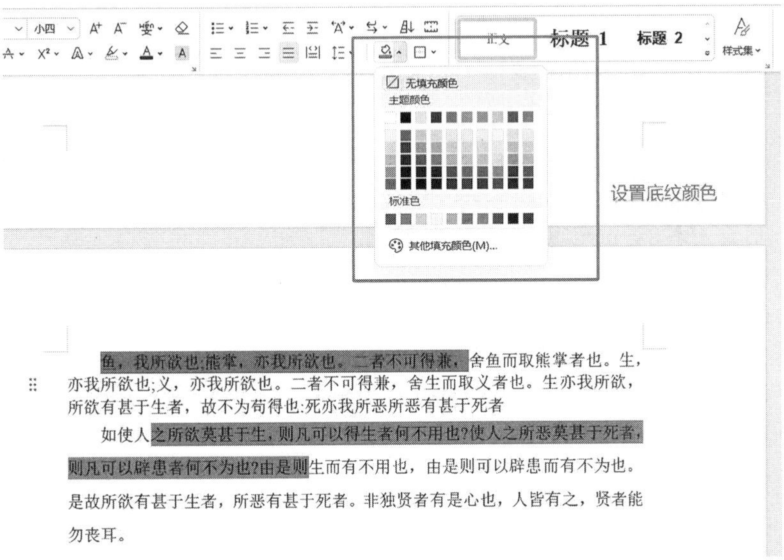

图 4–34　设置底纹

7. 设置项目符号和编号

在“开始”工具栏中单击“项目符号”按钮，可为所选段落添加项目符号和编号。单击“编号”按钮右侧的下拉按钮，打开下拉菜单，在其中可选择编号类型或者取消编号，如图 4–35 所示。

图 4–35　编号

8. 设置段落首字下沉

首字下沉是指段落的第1个字可占据多行位置。单击“插入”工具栏中的“首字下沉”按钮，打开“首字下沉”对话框，如图4-36所示。在对话框中，可将首字下沉位置设置为无、下沉或悬挂，可以设置首字的字体、下沉行数以及距正文的距离等。

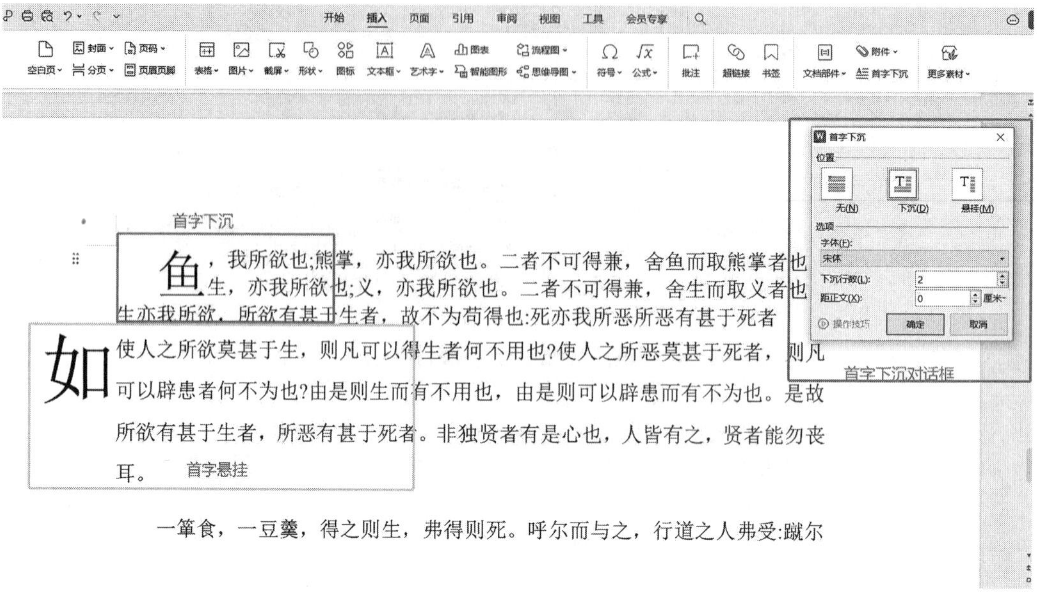

图4-36　首字下沉

【真题练习5】

第十二届全运会闭幕

新华网沈阳9月12日电　中华人民共和国第十二届运动会于2013年9月12日下午在沈阳闭幕。下午四时，十二运会闭幕式在辽宁省浑南体育训练基地综合馆举行。在十二运会会歌《梦想的翅膀》欢快激昂的乐曲声中，十二运会会旗缓缓落下，燃烧了13天的十二运圣火渐渐熄灭。

闭幕式由十二运会组委会副主任、辽宁省常务副省长周忠轩主持。首先是各代表团团旗和运动员代表入场。全体起立，高唱中华人民共和国国歌。

十二运会于8月31日开幕。主赛区设在沈阳市，辽宁省其他13个地市均设有分赛区，共有9000多名运动员参加31个大项、350个小项的比赛。在本届全运会上，有4人5次创5项亚洲纪录，11人3队18次创14项全国纪录，1人1次创1项全国青年纪录。

闭幕式仪式部分结束后，辽宁省的体育爱好者向观众们展示了武术、艺术体操、花式跳绳、花式踢毽等群众体育项目。

图4-37　真题练习5

打开所给素材文件夹里面的“项目四真题练习 2.docx”，如图 4-37 所示，按照下面要求完成练习。

1. 将标题段文字（“第十二届全运会闭幕”）设置为小二号、红色、黑体、居中对齐，加蓝色双波浪下划线、段后间距为 0.5 行。

2. 设置正文各段落（“新华网……体育项目。”）文本之前和文本之后各缩进 1 字符、段前间距 0.5 行；设置正文第一段（“新华网……渐渐熄灭。”）首字下沉 2 行（距正文 2 毫米），正文第二段至第四段（“闭幕式由十二运会……体育项目。”）首行缩进 2 字符；将正文第四段（“闭幕式仪式……体育项目。”）分为等宽 2 栏，并添加栏间分隔线。

【解题步骤】

1. ①选中标题段文字，在“开始”功能区中，单击右下角的“字体”对话框启动器按钮，弹出“字体”对话框，在“字体”选项卡中，设置“字号”为“小二”，设置“字体颜色”为“红色”，设置“中文字体”为“黑体”，设置“下划线线型”为“双波浪”，设置“下划线颜色”为“蓝色”，单击“确定”按钮。

②选中标题段，在“开始”功能区中，单击右下角的“段落”对话框启动器按钮，弹出“段落”对话框。在“缩进和间距”选项卡的“常规”选项组中，设置“对齐方式”为“居中对齐”；在“间距”选项组中，设置“段后”为“0.5 行”，单击“确定”按钮。

2. ①选中正文各段，在“开始”功能区中，单击右下角的“段落”对话框启动器按钮，弹出“段落”对话框。在“缩进和间距”选项卡的“缩进”选项组中，设置“文本之前”“文本之后”均为“1”字符；在“间距”选项组中，设置“段前”为“0.5 行”，单击“确定”按钮。

②选中正文第一段，在“插入”功能区中，单击“首字下沉”按钮，弹出“首字下沉”对话框，在“位置”组中选择“下沉”，设置“下沉行数”为“2”，设置“距正文”为“0.2”厘米，单击“确定”按钮。

③选中正文第二至第四段，在“开始”功能区中，单击右下角的“段落”对话框启动器按钮，弹出“段落”对话框。在“缩进和间距”选项卡的“缩进”选项组中，设置“特殊格式”为“首行缩进”，“度量值”默认为“2 字符”，单击“确定”按钮。

④选中正文第四段，在“页面布局”功能区中，单击“分栏”下拉按钮，在弹出的下拉列表中选择“更多分栏”，弹出“分栏”对话框。在“预设”组中选择“两栏”，默认勾选“栏宽相等”复选框，勾选“分隔线”复选框，最后单击“确定”按钮。

三、页面布局

1. 设置页边距

在“页面布局”工具栏中单击“页边距”按钮，可打开页边距下拉菜单，在其中可选择常用页边距。也可在“页面布局”工具栏中的“上”“下”“左”“右”数值输入框中输入页边距。

在“页面布局”工具栏中，单击“页边距”按钮，打开页边距下拉菜单，在菜单中选择“自定义页边距”命令，打开“页面设置”对话框的“页边距”选项卡，如图 4–38 所示。“页边距”选项卡包含了页边距、纸张方向、页码范围和应用范围等设置。在“应用于”下拉列表中，可选择将当前设置应用于整篇文档、本节或插入点之后。“页面设置”对话框的“页边距”“纸张”“版式”“文档网格”“分栏”等选项卡中均有“应用于”下拉列表，用于选择设置的应用范围。

2. 设置纸张方向

在“页面布局”工具栏中单击“纸张方向”按钮，可打开纸张方向下拉菜单，在其中可以选择纸张方向。

3. 设置纸张大小

在“页面布局”工具栏中单击“纸张大小”按钮，可打开纸张大小下拉菜单，在其中可选择纸张大小。单击菜单底部的“其他页面大小”命令可打开“页面设置”对话框的“纸张”选项卡，如图 4–39 所示。

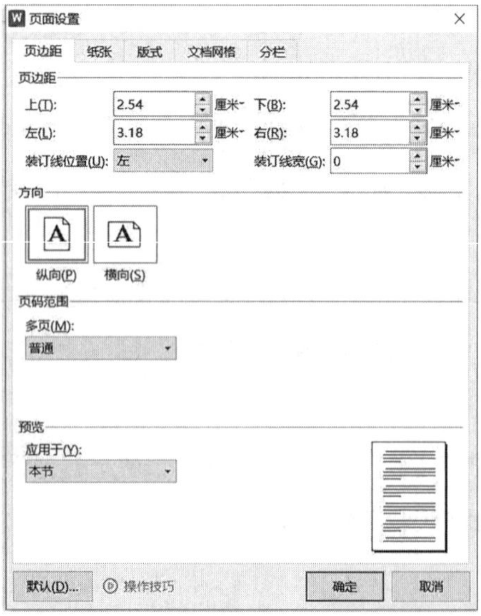

图 4–38　页面设置

图 4–39　设置纸张大小

4. 文档分栏

文档分栏可使整个文档或部分文档内容在一个页面中按两栏或多栏排列。在“页面布局”工具栏中单击“分栏”按钮，可打开分栏下拉菜单，在其中可选择分栏方式，如图 4–40 所示。在“栏数”数值输入框中可输入分栏数量。设置了分栏数量后，可分别设置每一栏的宽度和间距。在“应用于（A）：”下拉列表中可选择分栏设置的应用范围。“分栏”对话框和“页面设置”对话框中的“分栏”选项卡作用相同。

5. 设置页面边框

设置页面边框操作步骤如下。

①在“页面布局”工具栏中单击“页面边框”按钮，打开“边框和底纹”对话框的“页面边框”选项卡，如图 4–41 所示。

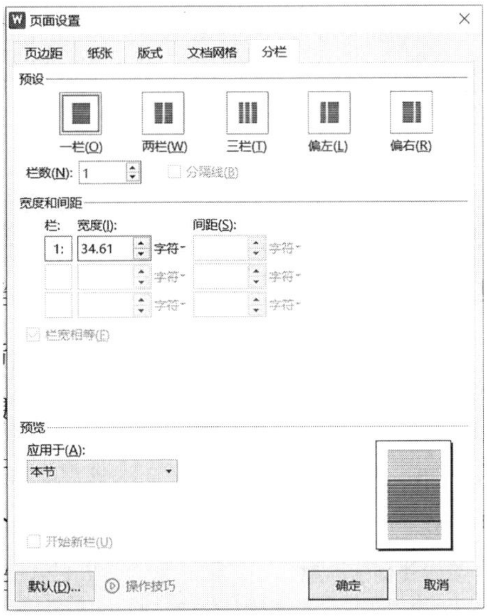

图 4–40　分栏

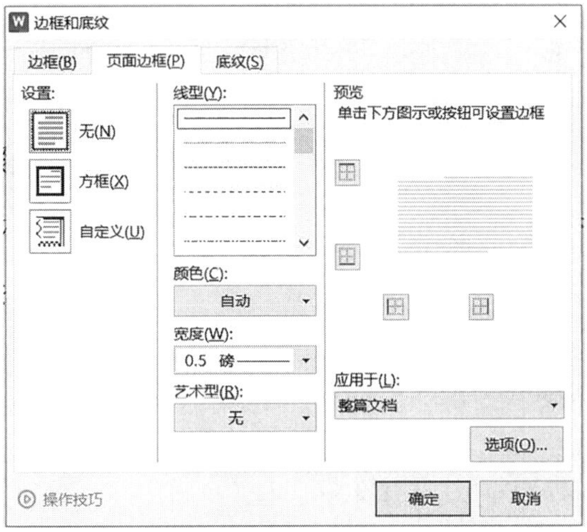

图 4–41　“页面边框”选项卡

②在“设置”列中，选择“方框”或“自定义”，在“线型（Y）：”列表中选择边框线型，在“颜色（C）：”下拉列表中选择边框颜色，在“宽度（W）：”数值框中设置边框宽度，在“艺术型（R）：”下拉列表中选择边框图片样式，在“应用于（L）：”下拉列表中选择设置的应用范围。在设置列中选择“无”选项可取消页面边框。

③单击“选项”按钮，打开“边框和底纹选项”对话框，如图 4–42 所示。设置好边框距离正文的相关选项。

④设置完成后，单击“确定”按钮关闭对话框。

6. 设置页面背景

在“页面布局”工具栏中单击“背景”按钮，打开背景下拉菜单，可从菜单中选择颜色、图片、纹理、水印等作为页面背景，如图 4–43 所示。

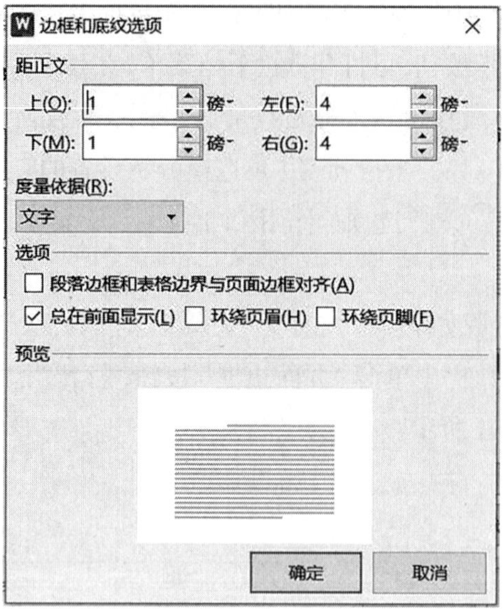

图 4–42　边框底纹

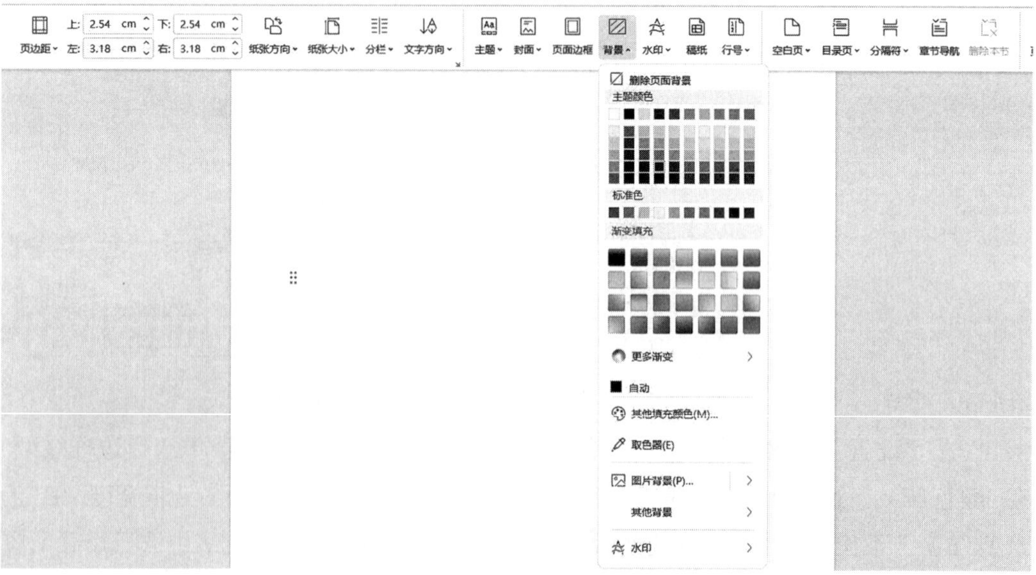

图 4–43　页面背景

【真题练习 6】

打开所给素材文件夹里面的“项目四真题练习 6.docx”，按照下面要求完成练习。

1. 纸张大小设置为“大 16 开”，页边距设置为上下边距“2.2 厘米”，左边距“2 厘米”，右边距“3 厘米”，装订线位置为“左”，装订线宽为“1 厘米”。

2. 页面背景颜色设置为“培安紫，文本 2，浅色 80%”。

3. 将文档的纸张方向设置为“横向”。

【解题步骤】

①打开项目四真题练习 3.docx 文件，在“页面布局”选项卡下，单击“纸张方向”下拉按钮，在下拉列表中选择“横向”。再单击“纸张大小”下拉按钮，在下拉列表中选择“大 16 开”。

②在“页面布局”选项卡下，在上、下、左、右微调框中分别输入“22 毫米”“22 毫米”“20 毫米”“30 毫米”。

③单击“背景”下拉按钮，在下拉列表中选择主题颜色“培安紫，文本 2，浅色 80%”。

四、插入对象

1. 插入艺术字

艺术字是具有特殊效果的文字。在“插入”工具栏中单击“艺术字”按钮，打开艺术字样式列表，然后在样式列表中单击要使用的样式，在文档中插入一个文本框，在文本框中输入文字即可插入艺术字。也可在选中文字后，在艺术字样式列表中选择样式，将选中的文字转换为艺术字。

可使用“文本工具”工具栏中的工具进一步设置艺术字的各种属性。图 4-44 所示为艺术字及“文本工具”工具栏。

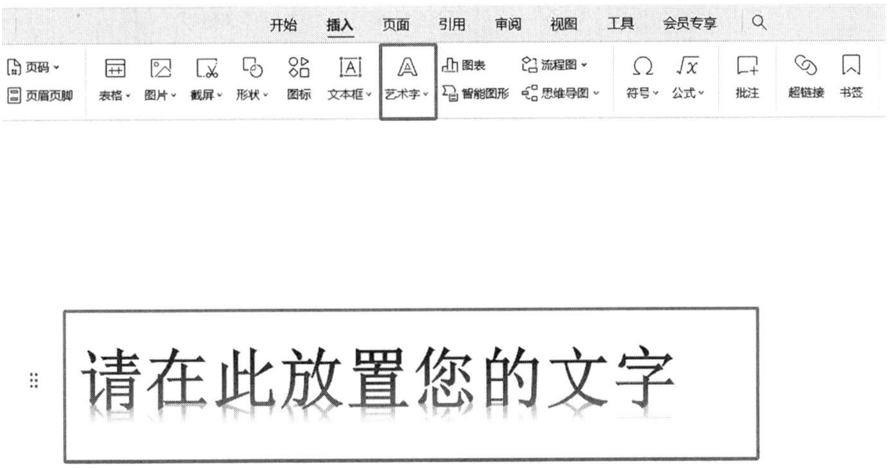

图 4-44　艺术字

2. 插入图片

在“插入”工具栏中单击“图片”下拉按钮，打开插入图片下拉菜单，如图 4-45 所示。

可在下拉菜单中选择直接插入 WPS 自带图片，或者单击“本地图片（P）”按钮插入本地计算机中的图片，还可以单击“来自扫描仪（S）”按钮从扫描仪获取图片，或者单击“手机图片 / 拍照”按钮从手机获取图片。

也可在“插入”工具栏中直接单击“插入图片”按钮，打开“插入图片”对话框，在对话框中选择 WPS 云共享文件夹或本地计算机中的图片。

图 4–45　插入图片

3. 插入文本框

文本框用于在页面中任意位置输入文字，也可在文本框中插入图片、公式等其他对象。在“插入”工具栏中单击“绘制横向文本框”按钮区，再在页面中按住鼠标左键拖动，可绘制出横向文本框。横向文本框中的文字内容默认横向排列。

要使用其他类型的文本框，可在“插入”工具栏中单击“文本框”下拉按钮，打开文本框菜单，如图 4–46 所示。菜单中还可选择插入横向、竖排、多行文字或稻壳文本框等内容。

4. 插入形状

单击“插入”工具栏中的“插入形状”按钮或“形状”下拉按钮，可打开预设形状菜单，如图 4–47 所示。

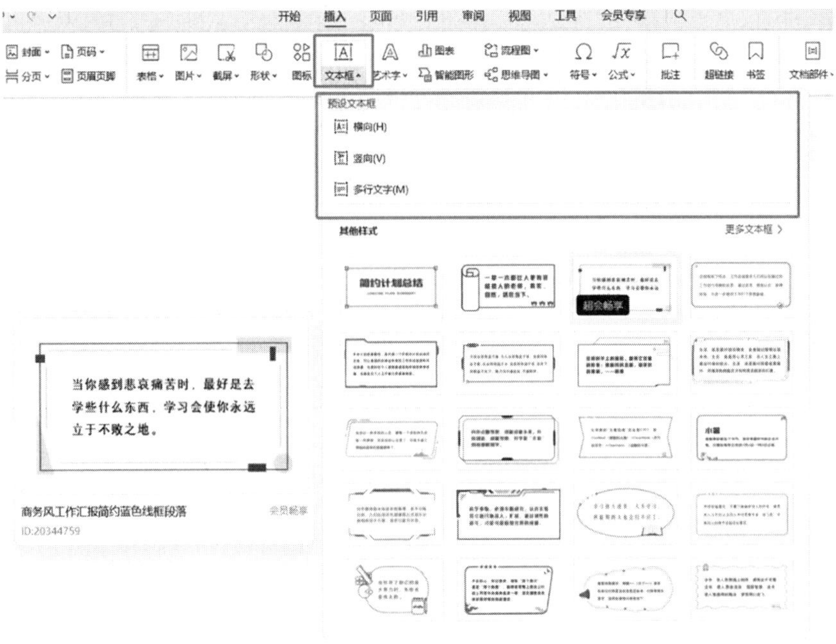

图 4-46　插入文本框

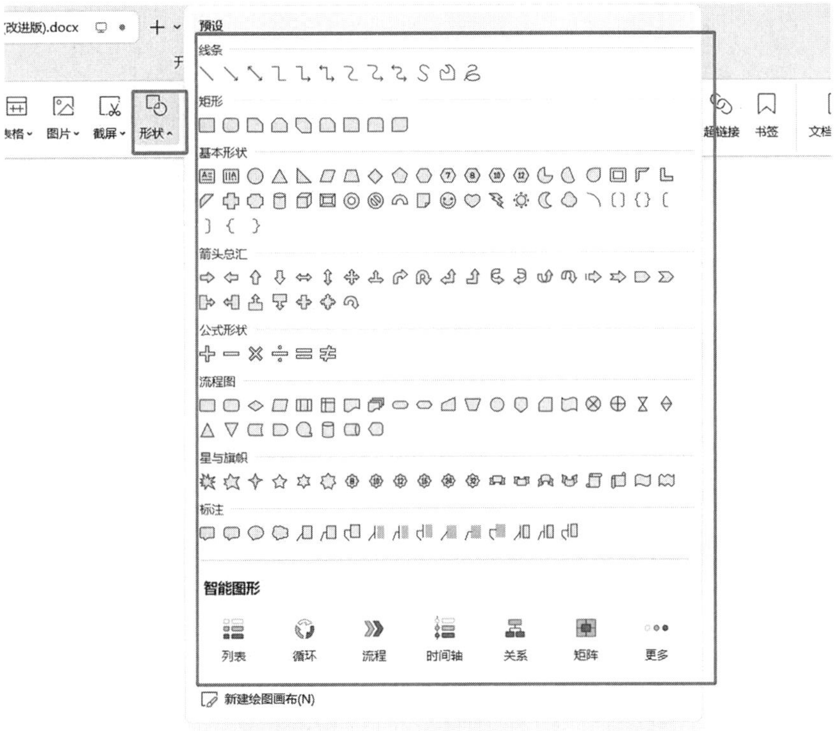

图 4-47　插入形状

5. 插入水印

单击“页面”选项卡中的“水印”下拉按钮，在弹出的下拉菜单中选择“插入水印(W)”命令可以对文档设置图片和文字水印，如图 4-48 所示。

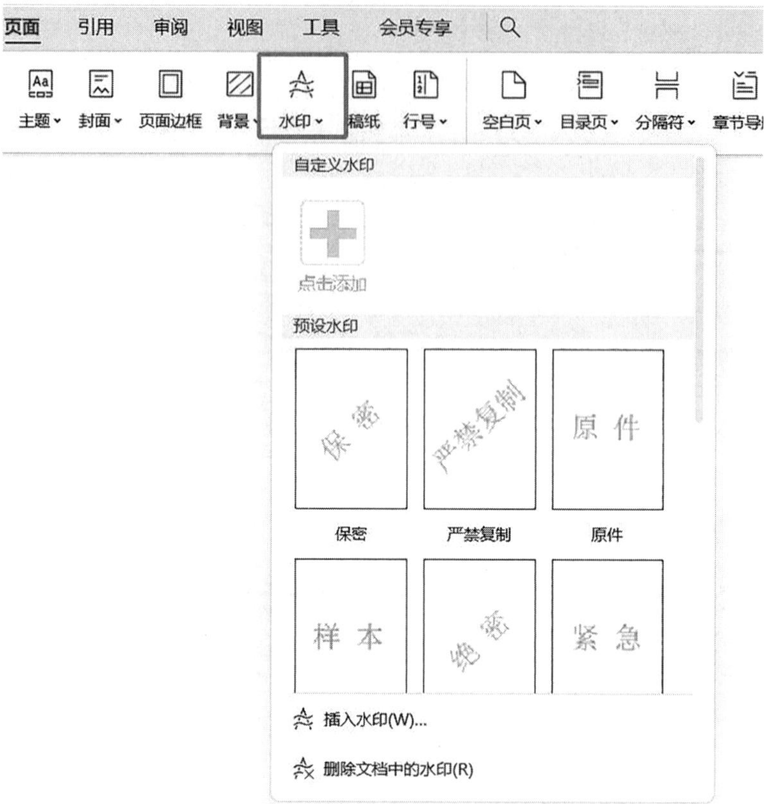

图 4-48　插入水印

6. 插入页眉和页脚

（1）页眉

双击页眉顶端，输入页眉内容，单击“页眉和页脚”选项卡中的“页眉横线”下拉按钮，在其中选择合适的页眉横线。

在“开始”选项中可以设置页眉的对齐方式，也可以对页眉文字进行字体、字号、颜色、字形等设置，设置完毕后，单击“页眉和页脚”选项卡中的“关闭”按钮，即可查看效果。

（2）页脚

双击页面底端，显示“插入页码”浮动工具栏，单击“插入页码”按钮，在打开的下拉面板中可设置页码样式、位置等，单击“确定”按钮，即可查看文档中插入的页码。

任务三　表格制作

一、创建表格

在“插入”工具栏中单击“表格”按钮，打开表格菜单，如图 4-49 所示。在表格菜单的虚拟菜单中移动鼠标，可选择插入表格的行列数。确定行列数以后，单击鼠标左键，在文档插入点位置插入表格。

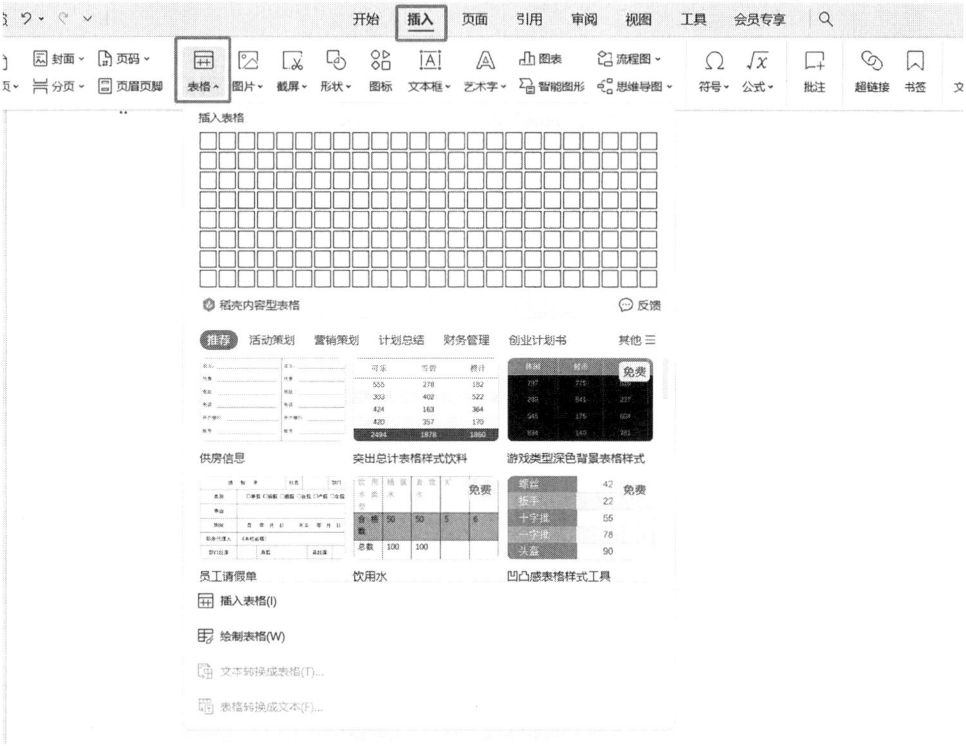

图 4-49　插入表格

二、删除表格

先单击表格的任意位置，再单击“表格工具”选项卡中的“删除”按钮，打开删除菜单，在其中选择“表格”命令，可删除插入点所在的表格。也可以用鼠标右键单击表格，打开快捷菜单，在其中选择“删除表格命令”，也可以删除插入点所在的表格。

三、调整行高和列宽

1. 调整表格行高

方法一：将光标指向行分隔线，指针变为“上下箭头”形状时，按住鼠标左键上下拖动鼠标调整行高。

方法二：单击“表格工具”工具栏中的“自动调整”按钮，打开自动调整菜单，在菜单中选择“平均分布各行”命令，自动调整行高，所有行的高度相同。

方法三：单击要调整的任意位置，在“表格工具”工具栏中的“高度”输入框中输入行高，或者单击输入框两侧的“-”或“+”按钮调整行高。

2. 调整表格列宽

方法一：将光标指向行分隔线，指针变为“左右箭头”形状时，按住鼠标左键左右拖动鼠标调整列宽。

方法二：单击“表格工具”工具栏中的“自动调整”按钮，打开自动调整菜单，在菜单中选择“平均分布各列”命令，自动调整列宽，所有列的宽度相同。

方法三：单击要调整的任意位置，在“表格工具”工具栏中的“宽度”输入框中输入宽度，或者单击输入框两侧的“-”或“+”按钮调整宽度。

四、添加或删除行操作

1. 在表格中添加行或列

单击单元格，在“表格工具”工具栏中选择插入行或列的位置，如选择“在左侧插入列”按钮插入新列。

2. 在表格中删除行或列

单击列中的任意一个单元格，再单击“表格工具”工具栏中的“删除”按钮，打开删除菜单，在菜单中选择要删除的项，如删除插入点所在的列。

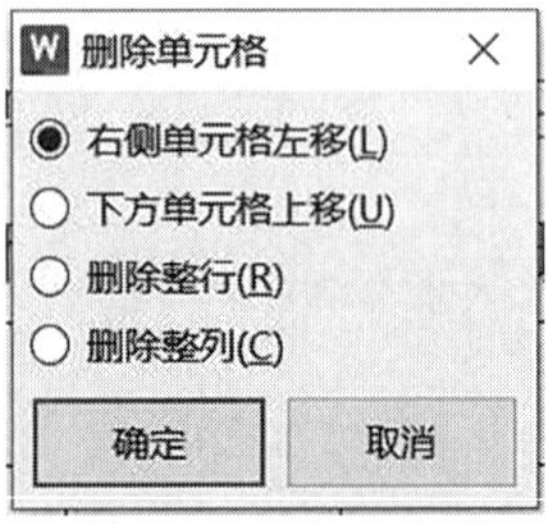

图 4-50　删除单元格

五、删除单元格

选中单元格后，单击“表格工具”工具栏中的“删除”按钮，打开删除菜单，在菜单中选择“单元格”命令，打开“删除单元格”对话框，如图 4-50 所示。在对话框中可选择删除单元格后右侧单元格左移、下方单元格上移、删除整行或删除整列。

六、合并和拆分单元格

1. 合并单元格

单击“表格工具”工具栏中的“合并单元格”按钮，或在右键快捷菜单中选择“合并单元格”命令，可合并选中的单元格。合并后，原来每个单元格中的数据在新单元格各占一个段落。

2. 拆分单元格

单击“表格工具”工具栏中的“拆分单元格”按钮，或在右键快捷菜单中选择“拆分单元格”命令，打开“拆分单元格”对话框。可在对话框中设置拆分后的行列数。选中“拆分前合并单元格”复选框时，原来的单元格仍然相邻，在其后添加单元格，否则将在原来的单元格之间插入单元格。如果拆分后的行列数比原来的少，则会删除多余的单元格。

【真题练习 7】

打开所给素材文件夹里面的“项目四真题练习 5.docx”，如图 4-51 所示，按照下面要求完成练习。

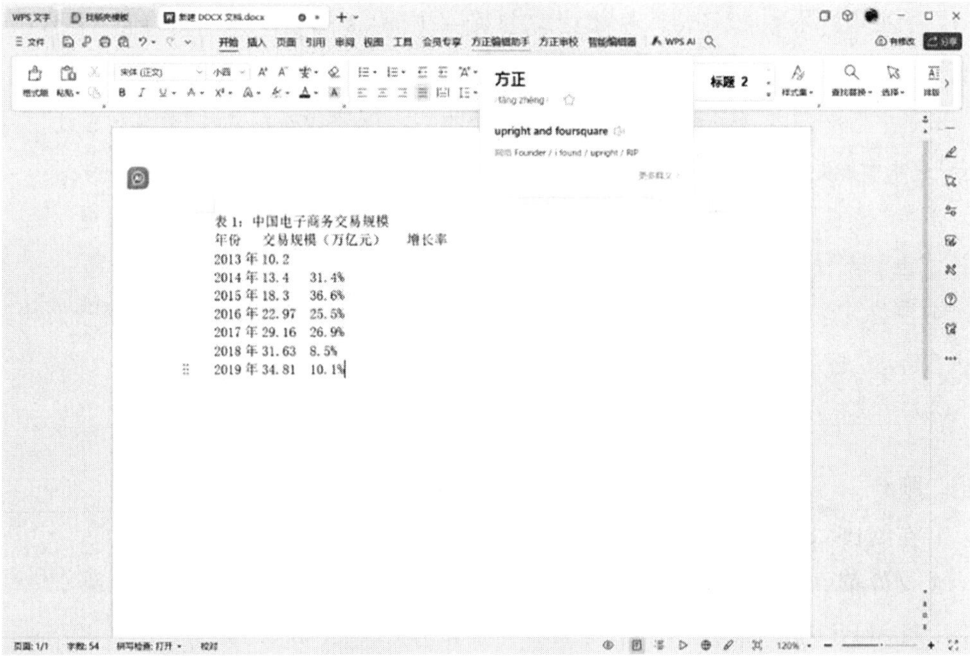

图 4-51 文字转表格

1. 将上文素材转换为 8 行 3 列的表格。设置表格中第一行和第一列的单元格内容“水平居中”，其余单元格内容“中部右对齐”；设置表格第一列列宽为“3 厘米”，第二、三列列宽为“5 厘米”，所有行高为“0.8 厘米”；设置表格单元格的左边距为“0.1 厘米”、右边距为“0.2 厘米”。

2. 设置表格对齐方式为居中；设置表格外框线为“蓝色(标准色)1.5 磅单实线”，内框线为“蓝色(标准色)0.5 磅单实线”。

【解题步骤】

1. ①选中文中的最后 8 行文字，在“插入”选项卡下，单击“表格”下拉按钮，在弹出的下拉列表中选择“文本转换成表格”，弹出“将文字转换成表格”对话框，单击“确定”按钮。

②选中表格的第一行，在“表格工具”选项卡中，单击“对齐方式”下拉按钮，在下拉列表中选择“水平居中”；选中表格第一列，用同样方法将其设置为“水平居中”；选中剩余单元格，在“对齐方式”下拉列表中选择“中部右对齐”。

③选中表格第一列，在“表格工具”选项卡下，设置“宽度”为“3 厘米”，设置“高度”为“0.8 厘米”；选中表格第二、三列，设置“宽度”为“5 厘米”，设置“高度”为“0.8 厘米”。

④选中整个表格，单击“表格工具”选项卡下的“表格属性”按钮，弹出“表格属性”对话框，切换到“单元格”选项卡，单击下方的“选项”按钮。

⑤在弹出的“单元格选项”对话框中，取消勾选“与整张表格相同(S)”复选框，设置左边距为“0.1 厘米”、右边距为“0.2 厘米”。

2. ①选中整个表格，单击“表格工具”选项卡下的“表格属性”按钮，弹出“表格属性”对话框，在“表格”选项卡下，将“对齐方式”设置为“居中”，单击“确定”按钮。

②选中整个表格，单击“表格样式”选项卡下的“边框”下拉选项中的“边框和底纹”按钮，弹出“边框和底纹”对话框。

③在“边框”选项卡下，“设置”选择为“无”，“颜色”设置为“蓝色（标准色）”，“宽度”为“1.5 磅”单实线，单击上、下、左、右边框。

④再将“宽度”设置为“0.5 磅”单实线，单击横、竖内框线，设置“应用于表格”，单击“确定”按钮。

⑤单击文档左上角的保存按钮，保存文档。

项目习题

1. 在 WPS 文字中，通常用于显示或隐藏工具栏和菜单栏的选项是（　　）。

A. 文件菜单　　B. 视图菜单　　C. 插入菜单　　D. 工具菜单

2. 在 WPS 文字界面上，通常用于打开一个新的空白文档的按钮是（　　）。

A.“打开”　　B.“新建”　　C.“保存”　　D.“撤销”

3. 在 WPS 文字中，通常用于撤销上一步操作的快捷键是（　　）。

A.Ctrl+Z　　B.Ctrl+Y　　C.Ctrl+X　　D.Ctrl+C

4. 在 WPS 文字中，快速切换全屏视图和正常视图的方法是（　　）。

A. 使用 F1 键　　B. 使用 F5 键　　C. 使用 F11 键　　D. 使用 F12 键

5. 在 WPS 文字中，保存当前编辑的文档的操作是（　　）。

A. 单击“文件”菜单，选择“新建”　　B. 单击“文件”菜单，选择“打开”

C. 单击“文件”菜单，选择“保存”　　D. 单击“文件”菜单，选择“另存为”

6. 在 WPS 文字中编辑文档时，如果想将文档的内容全部删除，应该（　　）。

A. 逐个删除每个字符

B. 使用“撤销”功能

C. 按下“Ctrl + A”，然后按下“Delete”键

D. 使用“替换”功能将所有内容替换为空

7. 在 WPS 文字中，如果想将当前文档另存为一个新的文件名或位置，应该（　　）。

A. 直接单击“保存”按钮　　B. 单击“文件”菜单，选择“另存为”

C. 单击“文件”菜单，选择“保存副本”　　D. 单击“文件”菜单，选择“版本管理”

8. 在 WPS 文字中，关闭当前打开的文档但不退出程序的操作是（　　）。

A. 单击文档右上角的关闭按钮　　B. 单击“文件”菜单，选择“退出”命令

C. 按下“Alt + F4”快捷键　　D. 按下“Ctrl + W”快捷键

9. 在 WPS 文字中，如果想将当前文档另存为一个新的文件名或位置，应该（　　）。

A. 直接单击“保存”按钮　　B. 单击“文件”菜单，选择“另存为”

C. 单击“文件”菜单，选择“保存副本”　　D. 单击“文件”菜单，选择“版本管理”

10. 在 WPS 文字中，为文本添加项目符号或编号的操作是（　　）。

A. 在“开始”选项卡中选择“段落”组中的“编号列表”

B. 在“插入”选项卡中选择“符号”

C. 在“页面布局”选项卡中选择“段落”

D. 在“引用”选项卡中选择“目录”

11. 在 WPS 文字中，快速查找和替换文档中的某个词或短语的操作是（　　）。

A. 按“Ctrl + F”快捷键进行查找，按“Ctrl + H”快捷键进行替换

B. 按“Ctrl + G”快捷键进行查找，按“Ctrl + R”快捷键进行替换

C. 在“审阅”选项卡中选择“查找和替换”

D. 在“插入”选项卡中选择“文本框”，然后在文本框中手动查找和替换

12. 在 WPS 文字中，插入一个 3 行 4 列表格的操作是（　　）。

A. 单击“插入”菜单，选择“图片”

B. 单击“插入”菜单，选择“表格”，然后在弹出的对话框中输入 3 行 4 列

C. 单击“表格”菜单，选择“绘制表格”

D. 在工具栏上选择“表格”按钮，然后拖动鼠标绘制

13. 在 WPS 文字中插入的表格，合并两个相邻单元格的操作是（　　）。

A. 选中要合并的单元格，单击“表格”菜单中的“合并单元格”

B. 选中要合并的单元格，按“Ctrl + M”快捷键

C. 直接拖动鼠标将两个单元格合并

D. 在“表格”菜单中选择“拆分单元格”

14. 在 WPS 文字中插入的表格，调整表格的行高或列宽的操作是（　　）。

A. 直接拖动表格边框线

B. 在“表格工具”选项卡中选择“布局”，然后输入具体的行高或列宽值

C. 在“开始”选项卡中选择“段落”组进行调整

D. 使用“Ctrl + 方向键”进行微调

15. 在 WPS 文字中，为表格添加边框和底纹的操作是（　　）。

A. 在“开始”选项卡中选择“段落”组进行设置

B. 在“表格工具”选项卡中选择“设计”，然后在“边框”和“底纹”组中进行设置

C. 在“插入”选项卡中选择“形状”，然后绘制边框和底纹

D. 在“页面布局”选项卡中选择“背景”进行设置

项目五

电子表格软件

WPS表格是WPS Office的重要组成部分之一，是目前广泛使用的数据处理软件，它可以用于制作数据表格，进行数据分析，根据数据绘制图表，并将内容进行打印输出等。

通过本项目的学习，应达到的目标如下：

掌握创建、编辑和保存电子表格的方法；

掌握电子表格格式设置的方法；

掌握常用函数的使用方法；

掌握数据处理的方法；

掌握数据图表的创建和编辑。

任务一　WPS表格的基本操作

一、WPS表格的启动和退出

①启动 WPS 表格的 3 种方法如图 5–1 所示。

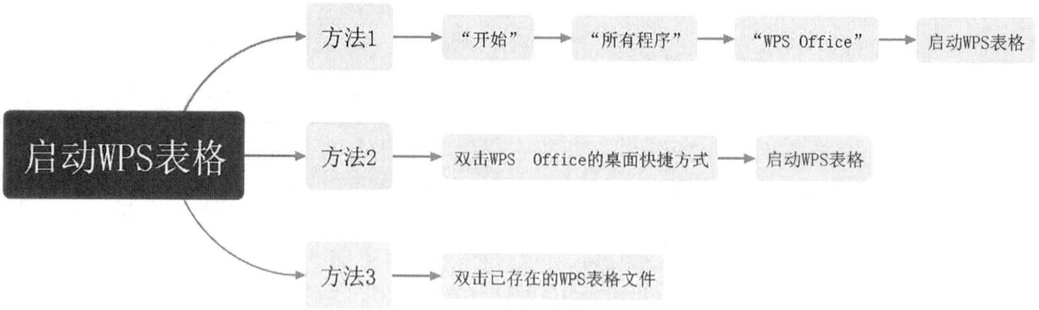

图 5–1　启动 WPS 的 3 种方法

②退出 WPS 表格 3 种方法如图 5–2 所示。

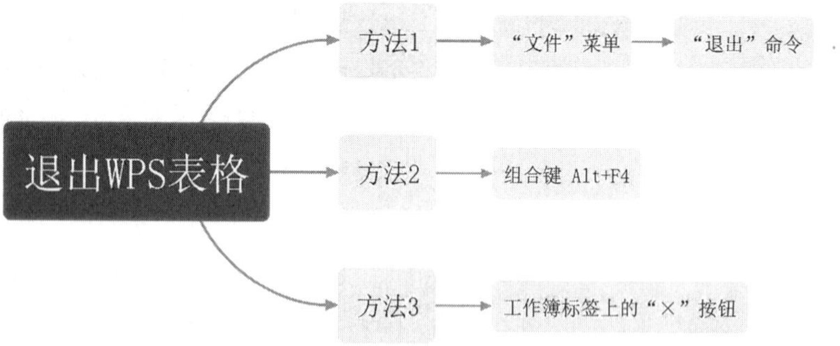

图 5–2　退出 WPS 的 3 种方法

二、WPS表格的窗口组成

1. 窗口组成

WPS 表格的窗口由工作簿标签、快速访问工具栏、选项卡、功能区、单元格区域等部分组成，如图 5–3 所示。

（1）工作簿标签

显示当前正在编辑的 WPS 表格文件。

（2）快速访问工具栏

集成一些使用较多的功能，如保存、撤销、恢复、打印预览等。

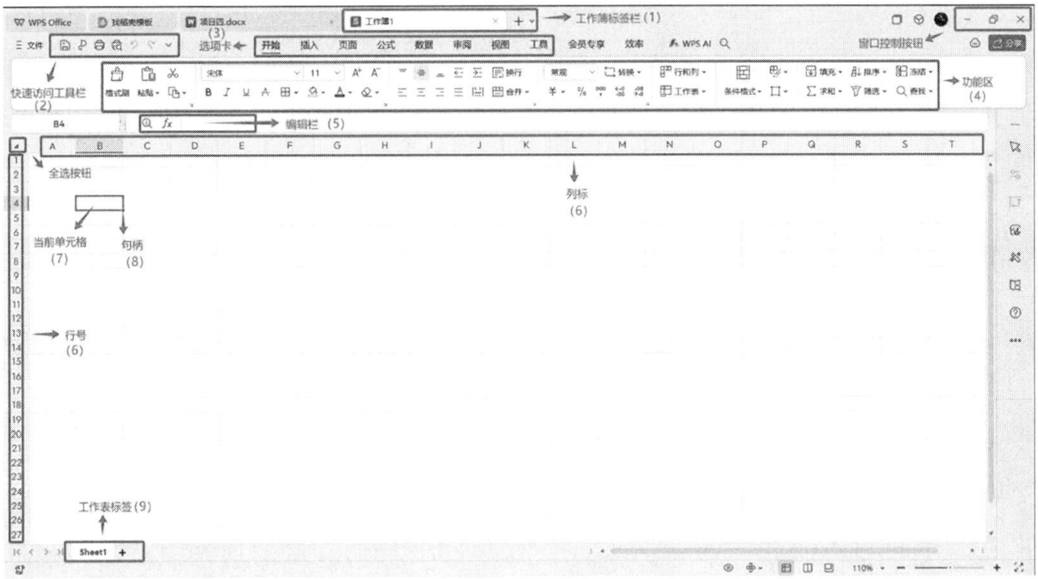

图 5-3　表格

（3）选项卡

WPS 对表格的各项功能进行了分类，并将其放置在不同的选项卡中。常用的选项卡有"开始""插入""页面""数据""审阅""视图"等。

（4）功能区

功能区用于显示各选项卡包含的具体功能。当单击某个选项卡后，下方的功能区中就会切换成该选项卡中所有功能的按钮，每个命令按钮用于执行不同的操作，从而实现对应的功能。

（5）编辑栏（数据编辑区）

编辑栏用来输入或编辑当前单元格中的值或公式。

（6）列标和行标

列标和行标用于表示某一行或某一列，列号用英文字母表示，例如 A 列、B 列；行号用数字表示，例如第 1 行、第 2 行。行号和列号相交的部分即为单元格，例如 A 列和第 1 行相交的单元格为 A1。

（7）单元格

单元格用于显示数据。选中单元格后，该单元格的边框线会变成绿色。鼠标位于单元格上时，会变成"白色的粗十字形"，单击某个单元格，向上下或左右拖动，可以选中一系列相邻的单元格；按住"Ctrl"键后连续单击不同的单元格，可以将不相邻的、被单击的每一个单元格选中。

（8）句柄

位于单元格的右下角，也可叫作填充柄。将鼠标移动到句柄上时，鼠标会从“白色的粗十字形”变为“黑色的细十字形”，此时拖动或双击句柄可以自动填充其他单元格的内容。

（9）工作表标签栏

工作表标签栏包括工作表标签和右方的“+”号，单击“+”号可以生成一张新的空白工作表。单击不同的工作表标签可以切换到不同的工作表。

三、工作表的基本操作

1. 新建工作表

新建工作表方法如图 5-4 所示，单击工作表标签右边的“+”按钮即可。

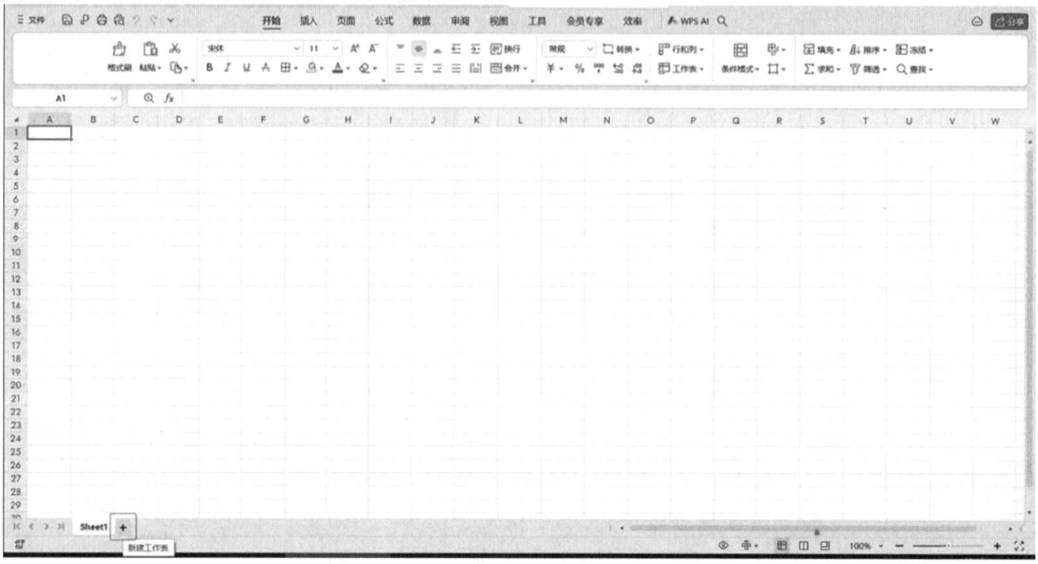

图 5-4　新建工作表

2. 选中多个工作表

单击某一个工作表标签（例如 Sheet1）→按住“Shift”键同时单击另一个工作表标签，即可将它们及之间的所有工作表全部选中；或者按住“Ctrl”键单击想要选中的工作表。需要注意的是，如果同时选中多个工作表，对当前工作表所做的编辑会应用到其他选中的工作表上。例如在当前工作表中对某个单元格输入了数据，或进行了格式设置操作等。

3. 重命名工作表

双击工作表标签，即可进入文字编辑状态，此时输入内容即可，如图 5-5 所示。

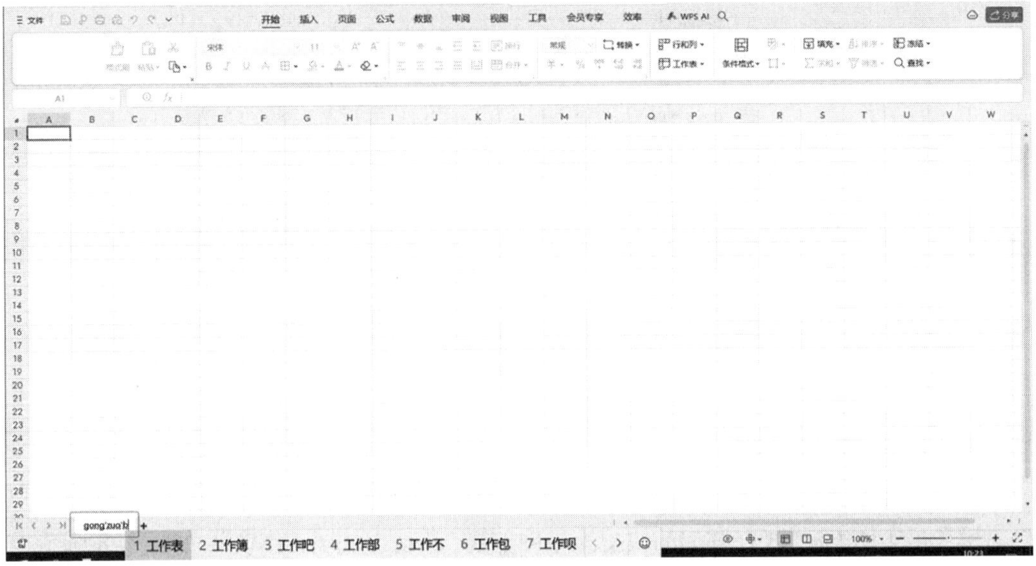

图 5-5　重命名工作表

按“Enter”键或者单击该工作表标签以外的其他位置，即可完成重命名工作，如图 5-6 所示。

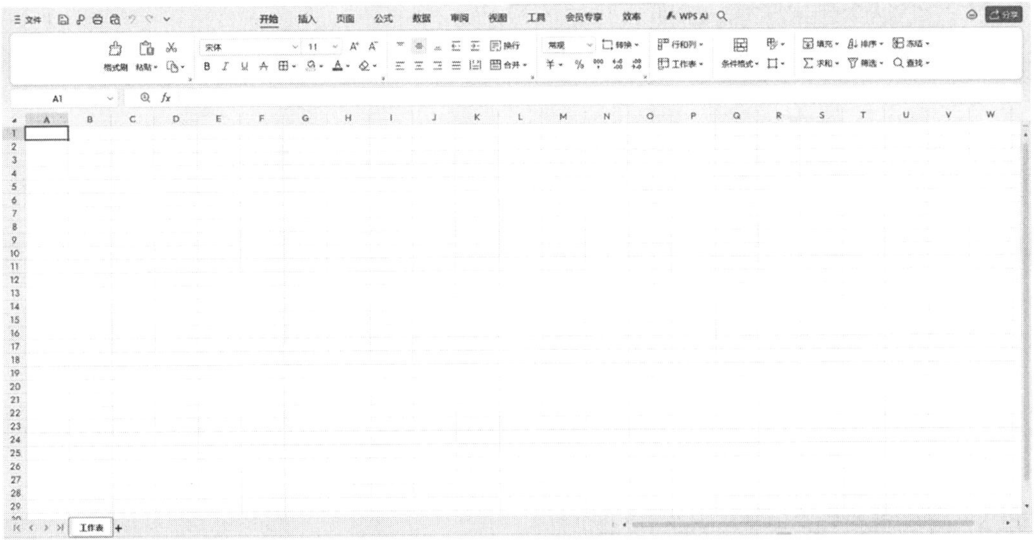

图 5-6　完成重命名

4. 设置工作表标签的颜色

在工作表标签上单击鼠标右键，在弹出的快捷菜单中选择“工作表标签”→“标签颜色”，在弹出的菜单中选择想要的颜色，如图 5-7 所示。

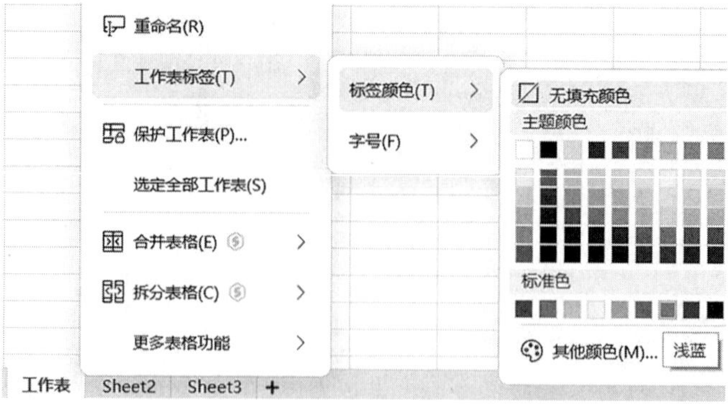

图 5–7　工作表标签

5. 工作表的移动和复制

单击工作表标签，然后按住鼠标左键左右拖动，即可移动工作表到其他位置；或用鼠标右键单击工作表标签，在弹出的快捷菜单中选择“移动或复制工作表”，如图 5–8 所示。

在弹出的对话框中进行具体设置，如图 5–9 所示。在“工作簿”下拉框中选择将此工作表移动到哪一个工作簿中；然后在“下列选中工作表之前”列表框中选择移动到工作簿的具体位置，单击“确定”按钮，即可完成工作表的移动操作。如果勾选了“建立副本”，则上述操作会变为复制工作表。

图 5–8　选择移动命令

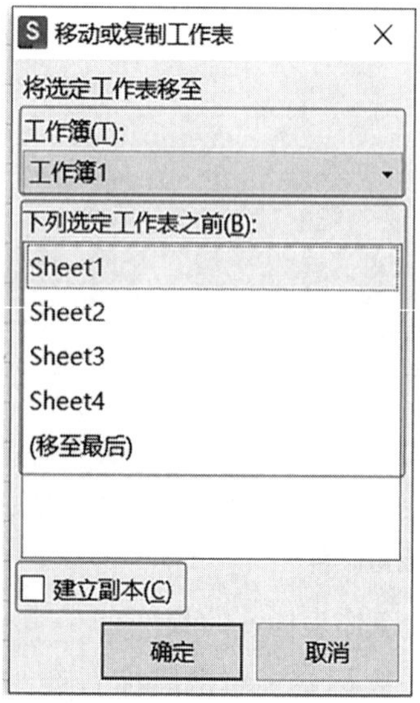

图 5–9　进行移动设置

四、单元格的基本操作

1. 选定单元格

方法 1：使用鼠标单击某个单元格即可选中这个单元格。选中单元格后，按住鼠标左键同时拖动鼠标指针，可以选中连续的多个单元格。绿色方框内即为选中的单元格区域。如图 5–10 所示，图中选中的是从 A1 到 D6 的区域，表示为 A1:D6。

方法 2：按住 “Ctrl” 键同时单击单元格，被单击到的单元格都会被选中，如图 5–11 所示。

图 5–10　选定单元格

图 5–11　选择不连续的文件

2. 合并单元格

选中需要合并的区域（由多个单元格组成）→单击“开始”选项卡→在功能区中单击“合并”按钮，并选择需要的具体功能，如图 5–12 所示。

3. 插入行或列

单击行号或列号选中某行（列）→在“开始”选项卡的功能区中，单击“行或列”按钮→选择“插入单元格”，并调整插入数量。如果选中的是行，则插入的是行；如果选中的是列，则插入列，如图 5–13 所示。

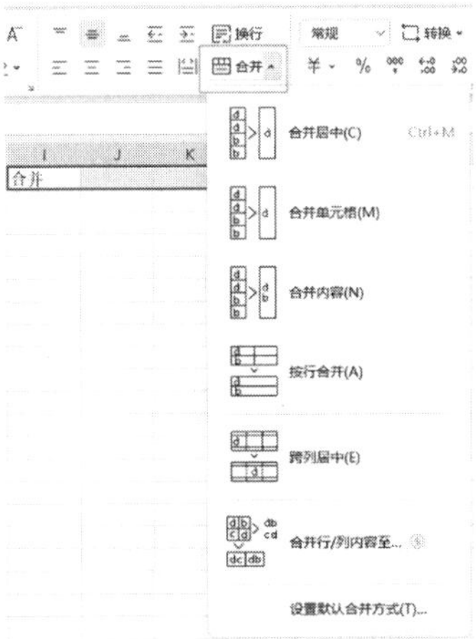

图 5–12　合并单元格

图 5–13　插入行或列

4. 调整行高或列宽

选中1行（列）或多行（列）→单击“开始”选项卡→在功能区中单击“行和列”→根据选中的是行（列）来单击“行高”或“列宽”，如图5–14所示。

在出现的“行高”窗口中进行具体设置，如图5–15所示。

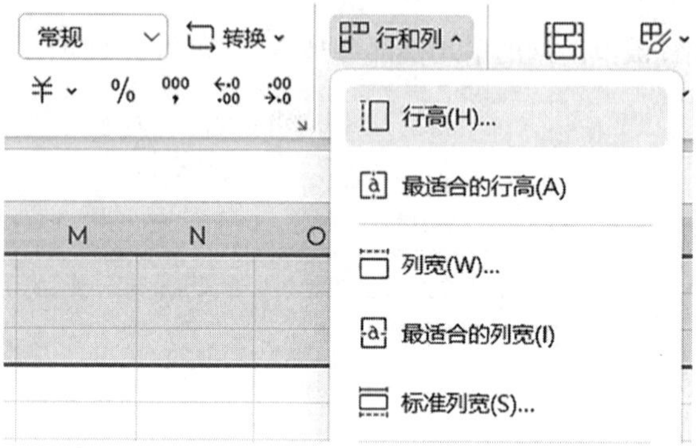

图5–14 调整行高

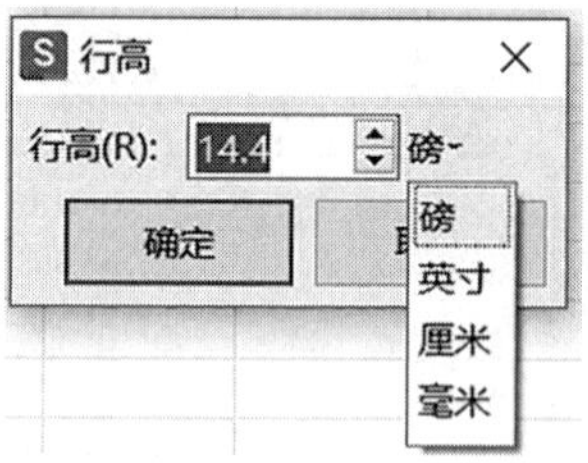

图5–15 设置行高

5. 清除单元格

清除单元格是指清除单元格内的数据内容，如果是单纯地清除数据本身，选中单元格后按“Delete”键即可。这种操作只会清除单元格内的数据，而不会清除单元格的格式。如果要清除单元格的格式，可以单击“开始”选项卡功能区中的“格式”按钮，在弹出的下拉列表中选择“清除”→“全部”或“格式”；也可以选中单元格后单击鼠标右键，从弹出菜单中选择“清除内容”→“全部”或“格式”，如图5–16所示。

图5–16 清除单元格

五、数据输入

在工作表中输入数据时，一般只需选中单元格，然后输入数据即可。当要连续输入一些有规律的数据时，可以使用 WPS 表格的智能填充功能。

1. 相同数据的智能填充

例如，在单元格输入文字内容（字符串）时，可以使用智能填充把文本内容复制到相邻的单元格中，如图 5–17 所示。

选中单元格，把鼠标移动到单元格右下角的柄上，会发现鼠标变成黑色的"+"，这时就可以按住鼠标左键拖动填充柄到其他单元格上。

之后系统会把内容自动填充到经过的单元格内，如图 5–18 所示。

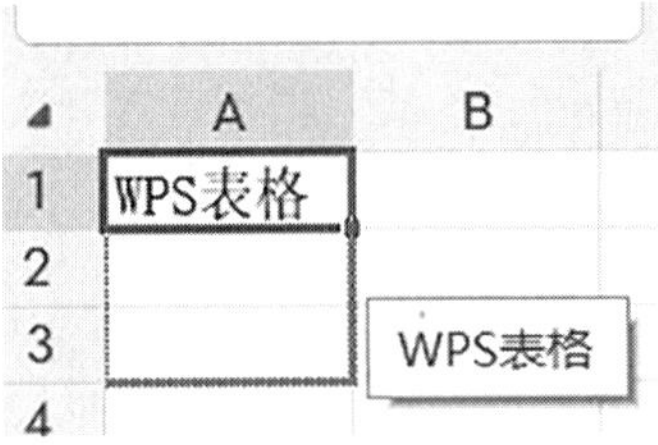

图 5–17　智能填充

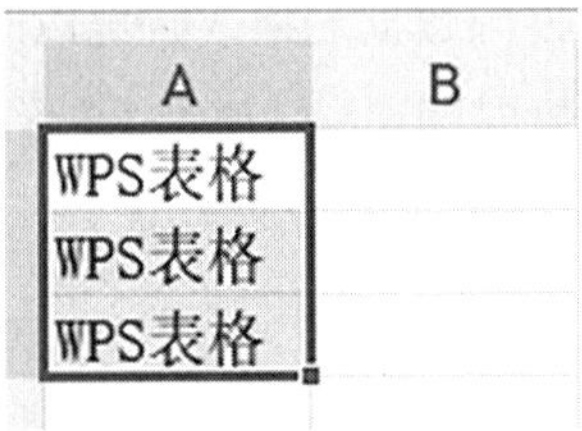

图 5–18　智能填充

2. 其他类型的智能填充

智能填充除了可以复制相同内容到其他单元格外，还可以按某种特定的规律（比如等差数列）进行数据的智能填充。例如在 A1 单元格输入 1，A2 单元格输入 2，A3 单元格输入 3，此时选中这几个单元格后，按住右下角的填充柄往下拉，系统就会按照等差数列的规律，往下面的单元格填入 4、5、6，如图 5–19 所示。

横向操作同样可以智能填充，如图 5–20 所示。

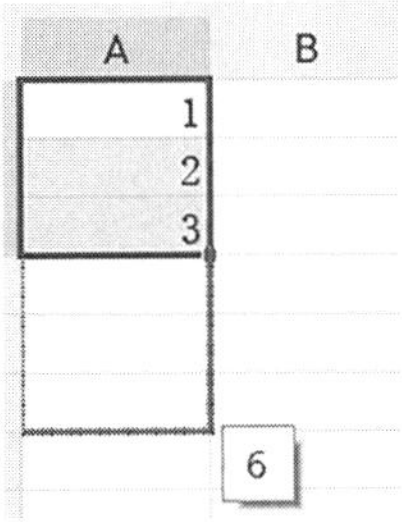

图 5–19　其他类型的智能填充

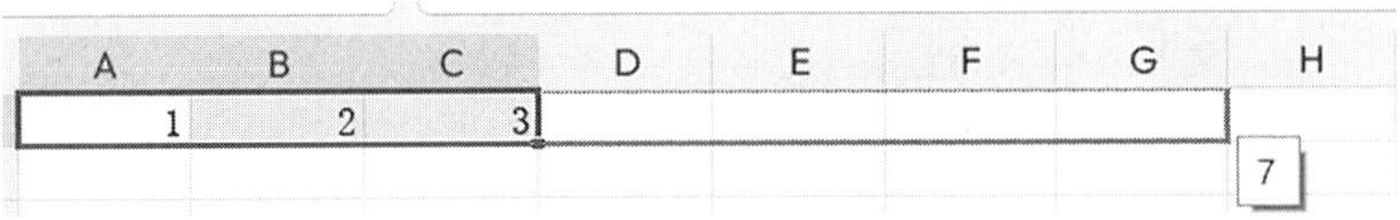

图 5–20　横向智能填充

任务二　WPS表格的格式设置

一、设置单元格格式

在 WPS 表格中，单元格数据的表示有多种类型，常见的有常规、数值、百分比、日期、货币等类型，不同类型的数据，彼此的格式也不同。当输入数据时，WPS 表格会自动识别数据的类型，并为其设置对应的格式。例如输入“100%”，系统就会认为其是百分比类型，并将其设置为百分比类型。

1. 设置单元格内数据的格式

单元格内数据的格式是可以改变的。例如，可以把“常规”类型变为“数值”类型。将表格中的数据设置为数值型，并保留两位小数，具体操作如下。

选中 E4:M21 区域内的单元格，如图 5-21 所示。

	A	B	C	D	E	F	G	H	I	J	K	L	M
1	初二年级第一学期期末成绩单												
3	学号	序号	姓名	班级	语文	数学	英语	生物	地理	历史	政治	总分	平均分
4	C120305	1	江大伟	3班	91.5	89	94	92	91	86	86		
5	C120101	2	曾令全	1班	97.5	106	108	98	99	99	96		
6	C120203	3	陈近南	2班	93	99	92	86	86	73	92		
7	C120104	4	杜海江	1班	102	116	113	78	88	86	73		
8	C120301	5	符祥	3班	99	98	101	95	91	95	78		
9	C120306	6	吉丽丽	3班	101	94	99	90	87	95	93		
10	C120206	7	李北溟	2班	100.5	103	104	88	89	78	90		
11	C120302	8	李娜	3班	78	95	94	82	90	93	84		
12	C120204	9	刘健康	2班	95.5	92	96	84	95	91	92		
13	C120201	10	王鹏翔	2班	93.5	107	96	100	93	92	93		
14	C120304	11	倪冬生	3班	95	97	102	93	95	92	88		
15	C120103	12	齐飞	1班	95	85	99	98	92	92	88		
16	C120105	13	苏解放	1班	88	98	101	89	73	95	91		
17	C120202	14	孙毓敏	2班	86	107	89	88	92	88	89		
18	C120205	15	王清晔	2班	103.5	105	105	93	93	90	86		
19	C120102	16	谢如霞	1班	110	95	98	99	93	93	92		
20	C120303	17	闫朝花	3班	84	100	97	87	78	89	93		
21	C120106	18	张桂枝	1班	90	111	116	72	95	93	95		

图 5-21　设置数据格式

选中区域后，有两种方式可以设置。

方法 1：单击“开始”选项卡功能区的“单元格格式”功能，如图 5-22 所示。

方法 2：在选中的单元格上按鼠标右键，在弹出的菜单栏里选择“设置单元格格式”，如图 5-23 所示。

在弹出的“单元格格式”对话框里选择“数字”选项卡，然后再做具体的调整，如图 5-24 所示。

图 5-22　单元格格式

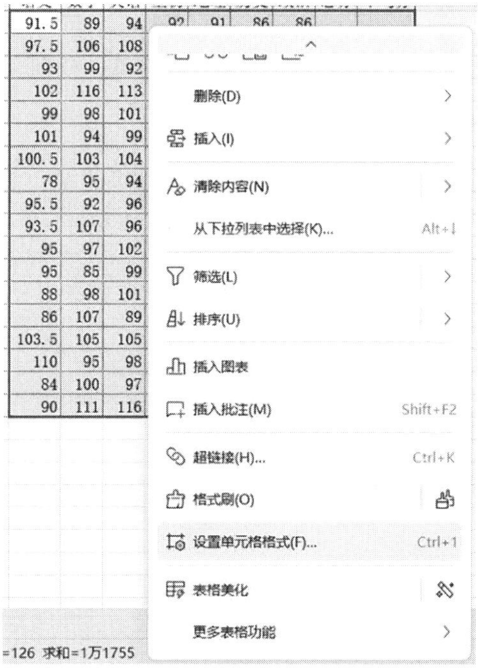

图 5-23　设置单元格格式

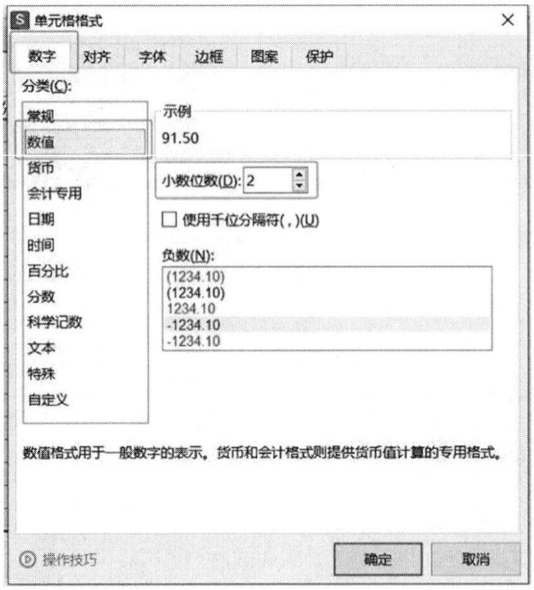

图 5–24 “数字”选项卡

这样单元格内容就变成数值型了，而且小数点位数是 2 位，如图 5–25 所示。

语文	数学	英语	生物	地理	历史	政治
91.50	89.00	94.00	92.00	91.00	86.00	86.00
97.50	106.00	108.00	98.00	99.00	99.00	96.00
93.00	99.00	92.00	86.00	86.00	73.00	92.00
102.00	116.00	113.00	78.00	88.00	86.00	73.00

图 5–25 数值型

其他单元格类型的设置（例如货币、百分比等）也是一样的步骤。除了在“单元格格式”对话框内，在功能区里也一样可以调整小数位数，如图 5–26 所示。

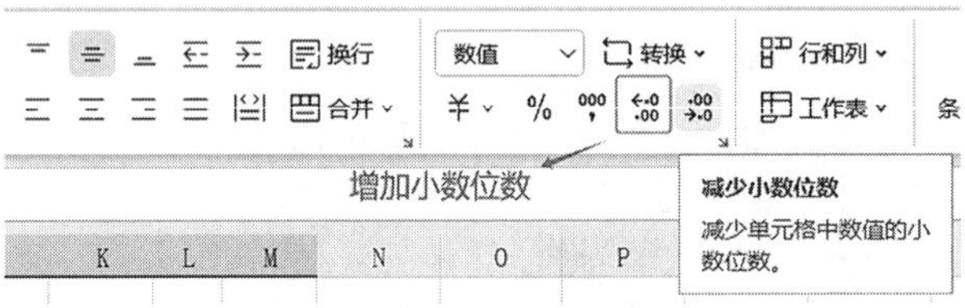

图 5–26 调整小数位数

图 5–27 字符格式

2. 设置字符格式

WPS 表格设置字符格式的方式与 WPS 文字类似，选中单元格后，可以在“开始”选项卡的功能区里设置字符的字体、字号、颜色、加粗、倾斜等格式，如图 5–27 所示。

3. 设置标题行合并居中

一般来说，工作表的第一行即为表格的标题，例如图中的“世纪联想公司 2012 年度销售情况表”，如图 5–28 所示。

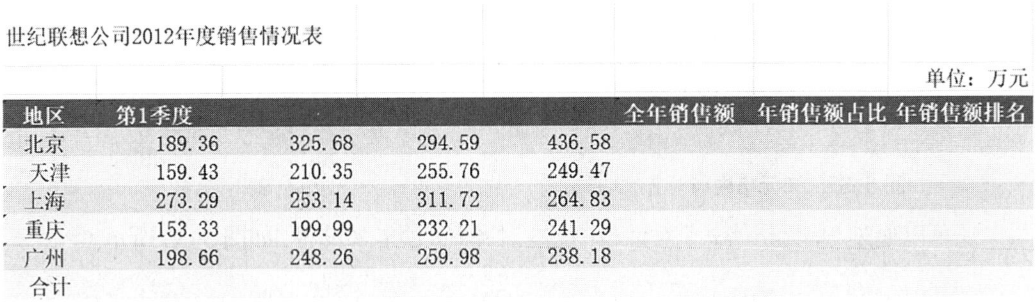
世纪联想公司2012年度销售情况表

单位：万元

地区	第1季度				全年销售额	年销售额占比	年销售额排名
北京	189.36	325.68	294.59	436.58			
天津	159.43	210.35	255.76	249.47			
上海	273.29	253.14	311.72	264.83			
重庆	153.33	199.99	232.21	241.29			
广州	198.66	248.26	259.98	238.18			
合计							

图 5–28　标题行合并居中

标题内容往往占用多个单元格，且要求居中。这就需要对标题进行合并后居中的操作。

①选中标题行的所有单元格，如图 5–29 所示。

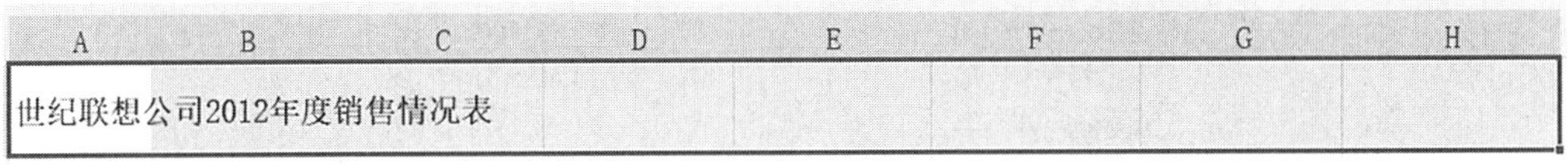

图 5–29　选中标题行

②单击“开始选项卡”功能区里的“合并及居中”按钮，如图 5–30 所示。

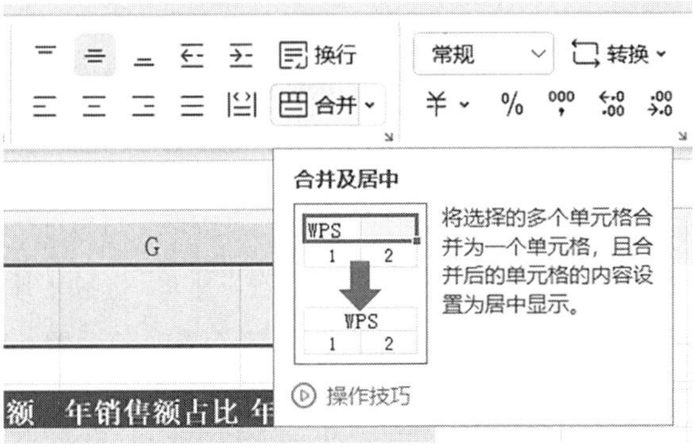

图 5–30　合并及居中按钮

标题占用的单元格会合并，且标题内容位于正中间，如图 5–31 所示。

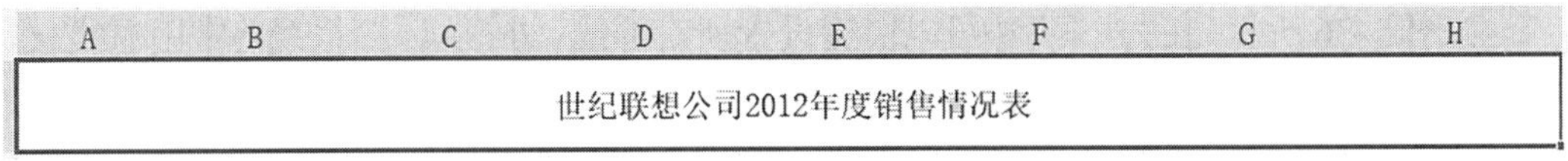

图 5–31　合并居中效果

4. 设置单元格内容对齐

WPS 表格的数据对齐方式分为“水平对齐”和“垂直对齐”两种。它们都可以通过“开始”选项卡功能区的按钮来设置，如图 5-32 所示。

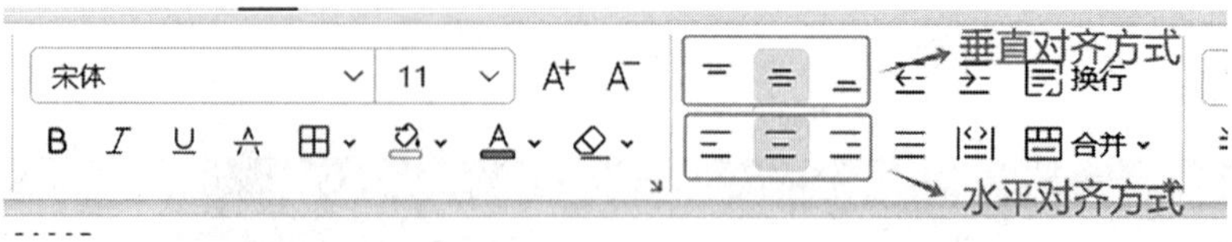

图 5-32　单元格内容对齐

还可以通过“单元格格式”对话框中的“对齐”选项卡来设置，如图 5-33 所示。

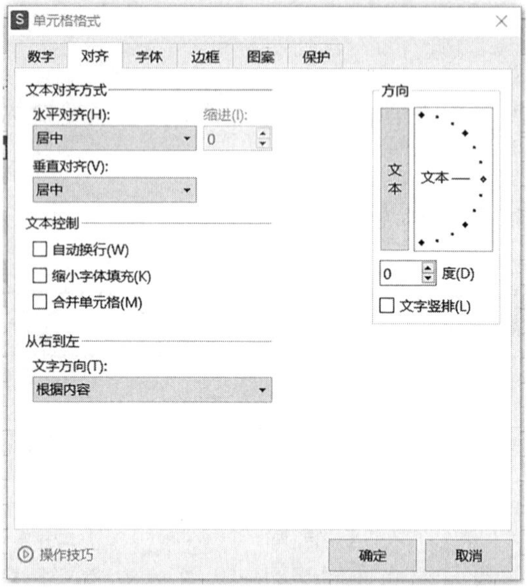

图 5-33　对齐选项卡

5. 设置底纹

表格的颜色称为底纹，底纹中的填充颜色可以在“开始”选项卡中进行设置，如图 5-34 所示。也可以通过“设置单元格格式”对话框的“图案”选项卡设置，如图 5-35 所示。

6. 设置边框

表格常常需要边框线，而边框线也可以在 WPS 表格中设置。先选中需要添加框线的单元格区域，然后添加框线。

方法 1：单击“开始”选项卡功能区的“边框”。

如图 5-36 所示，在“边框”中可以快捷设置所有框线、外框线、内框线等常用框线，也可以单击“其他边框”来打开“设置单元格格式”对话框。

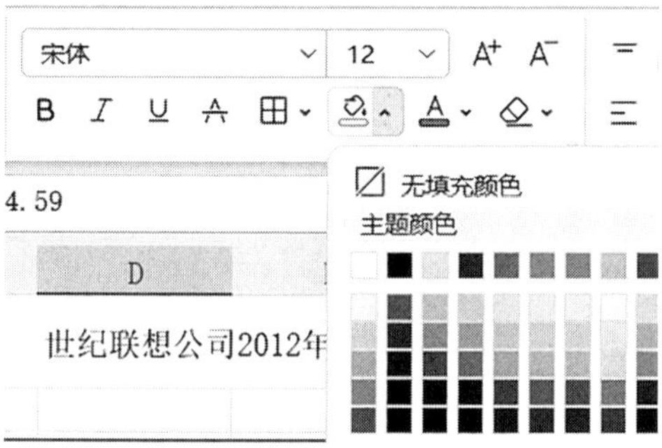

图 5-34　底纹

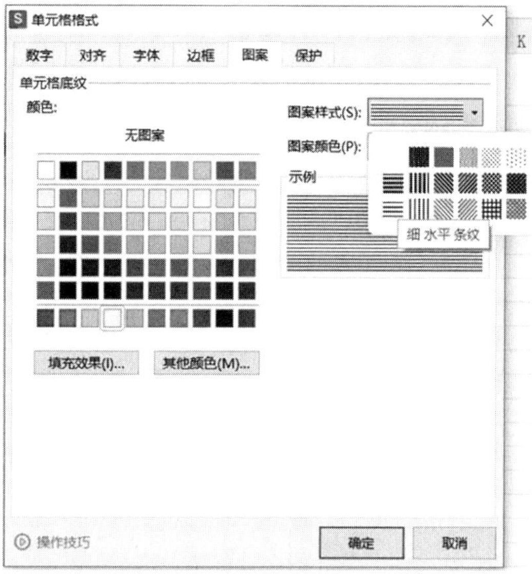

图 5-35　图案选项卡

方法 2: 在选中单元格上单击鼠标右键, 单击“设置单元格格式”打开对话框, 选择对话框中的“边框”选项卡, 如图 5-37 所示。

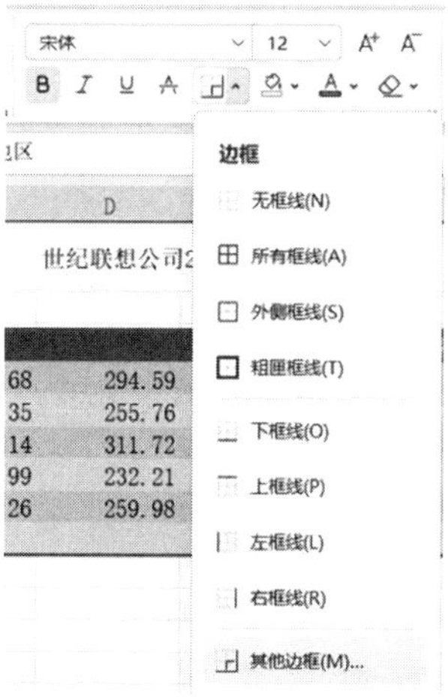

图 5-36　边框

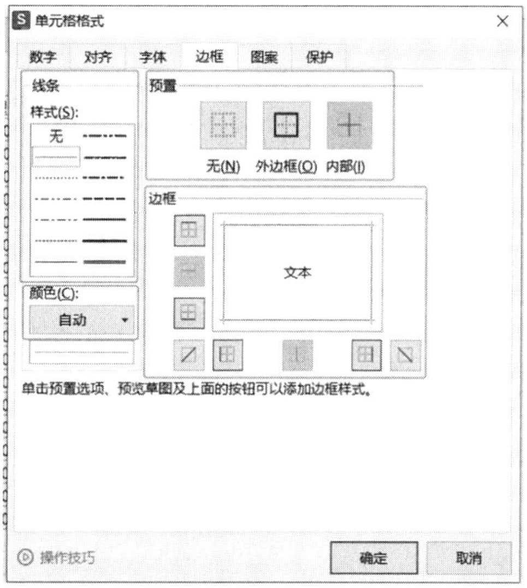

图 5-37　边框选项卡

再根据需要调整里面的内容, 例如在“线条”中选中边框线的样式,“颜色”中选取颜色, 在“预置”中快速设置外框和内框, 以及在“边框”中分别设置上下左右及斜框线。

二、设置条件格式

WPS 表格允许应用某种条件规则，来对含有内容的单元格区域进行显示格式的设置，比如将高于平均值的某些单元格用不同的颜色显示出来。“条件格式”功能位于“开始”选项卡的功能区中，且“条件格式”包含很多种不同的显示格式，如图 5-38 所示。

图 5-38　设置条件格式

下面以 3 个不同的案例作为演示。

1. 突出显示单元格规则

【案例 1】

打开“成绩”工作表，如图 5-39 所示，将所有单科成绩在 60 分以下的数值显示为“红色，粗体”。

语文	数学	英语	生物	地理
71.5	90	86	84	84.5
94	95	81	79	86
96	82	70	68	51
67	70	73.5	60	72.5
52	67	63	78	78.5
72	91	70.5	68.5	90
93	95.5	93	78	93
92.5	57.5	88	86	81
93	58	92	90	92.5
82.5	95.5	72.5	85	69
65	83	57	55	72.5
66	68.5	76.5	74.5	74.5

图 5-39　“成绩”工作表

【步骤】

①选中成绩工作表中的各单科成绩单元格，单击“开始”选项卡功能区的“条件格式”，在下列菜单中选择“突出显示单元格规则”，选择“小于”，如图 5-40 所示。

②在弹出的窗口中输入 60，因为在预置效果中没有“红色，粗体”，因此需要单击“自定义格式”，在打开的窗口中单击“字体”选项卡，把字体颜色设置为红色，并给字体设置粗体，如图 5-41、图 5-42 所示。

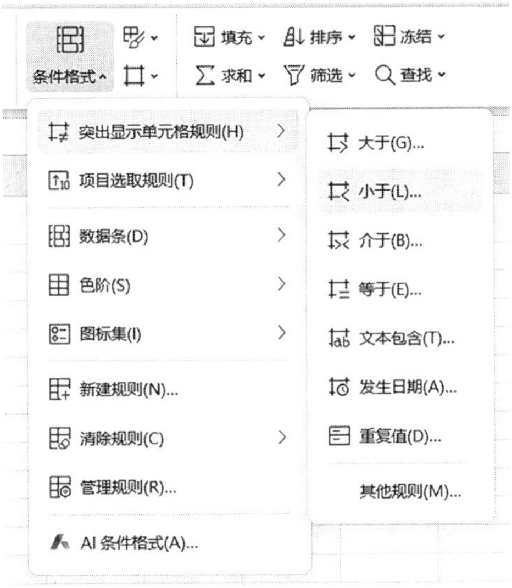

图 5-40 突出显示单元格规则

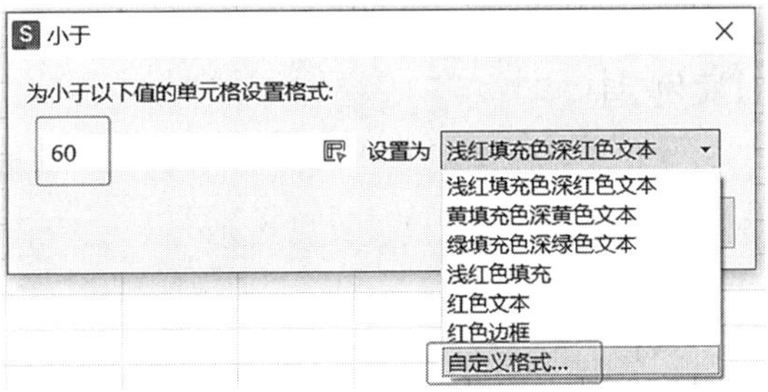

图 5-41 突出显示单元格自定义格式

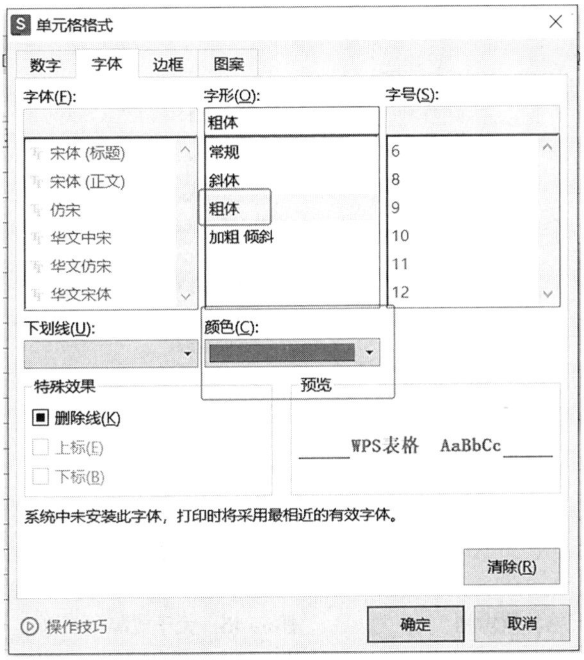

图 5-42 突出显示单元格自定义格式

③单击确定后设置完毕，选中单元格区域中小于60的单元格就会用红色加粗字体标记出来，如图5-43所示。

语文	数学	英语	生物	地理
71.5	90	86	84	84.5
94	95	81	79	86
96	82	70	68	**51**
67	70	73.5	60	72.5
52	67	63	78	78.5
72	91	70.5	68.5	90
93	95.5	93	78	93
92.5	**57.5**	88	86	81
93	**58**	92	90	92.5
82.5	95.5	72.5	85	69
65	83	**57**	**55**	72.5
66	68.5	76.5	74.5	74.5

图5-43　设置效果

【案例2】

使用函数计算J3:J114各位同学的平均成绩，结果保留小数点1位，将平均分大于等于88分的平均分单元格底纹设置成红色。

【步骤】

①选取J3:J114单元格，单击“条件格式”→选择“突出显示单元格规则”，因为没有大于等于的预置选项，因此这里选择单击“其他规则”，如图5-44所示。

②在弹出的对话框中找到如图5-45所示位置，选择“大于或等于”。

图5-44　突出显示单元格其他规则

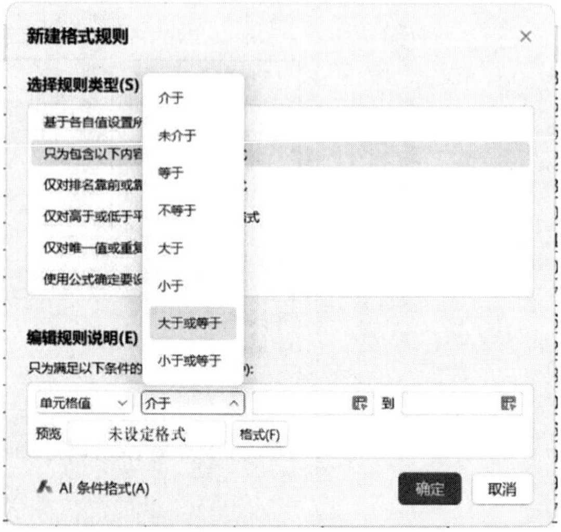

图5-45　大于或等于规则

③在后面的输入框中输入88，并单击下面的“格式”按钮，打开“单元格格式”对话框，如图5-46所示。

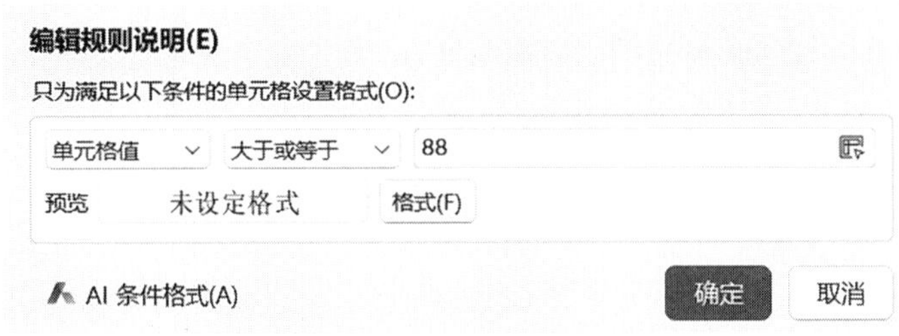

图5-46　单元格格式

④在弹出的对话框中选择“图案”选项卡，并设置颜色为红色，如图5-47所示。

⑤连续单击“确定”按钮完成设置，选中单元格中符合条件（大于等于88）的单元格的底纹就会变成红色，如图5-48所示。

图5-47　图案

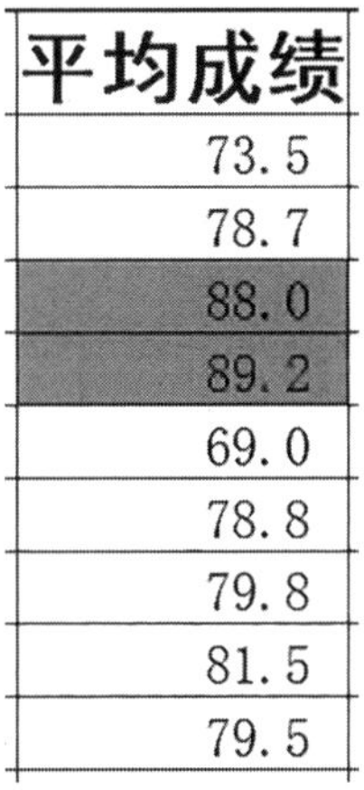

平均成绩
73.5
78.7
88.0
89.2
69.0
78.8
79.8
81.5
79.5

图5-48　设置效果

2. 项目选取规则

【案例3】

在H3:H32区域中应用预设条件格式“项目选取规则”，值最大的前10项自动标记格式“黄填充色深黄色文本”，值最小的前5项自动标记格式“浅红色填充”。

【步骤】

①选中 H3:H32 区域单元格，单击“条件格式”→选择“项目选取规则”，在右侧弹出的菜单中选择“前 10 项”，如图 5-49 所示。

②在弹出的对话框中输入“10”，将其设置为“黄填充色深黄色文本”，并单击“确定”按钮，如图 5-50 所示。

图 5-49　项目选取规则

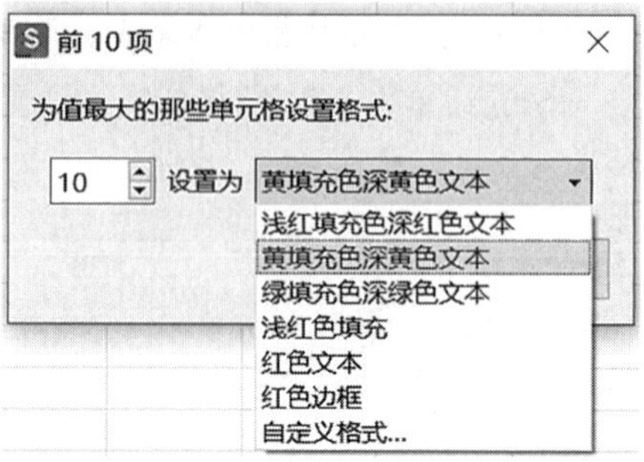

图 5-50　设置格式

③单击“条件格式”→选择“项目选取规则”并选择“最后 10 项”，如图 5-51 所示。

④在弹出的窗口对话框中输入“5”，将其设置为“浅红色填充”，并单击“确定”按钮，如图 5-52 所示。

最终效果如图 5-53 所示。

图 5-51　项目选取规则最后 10 项

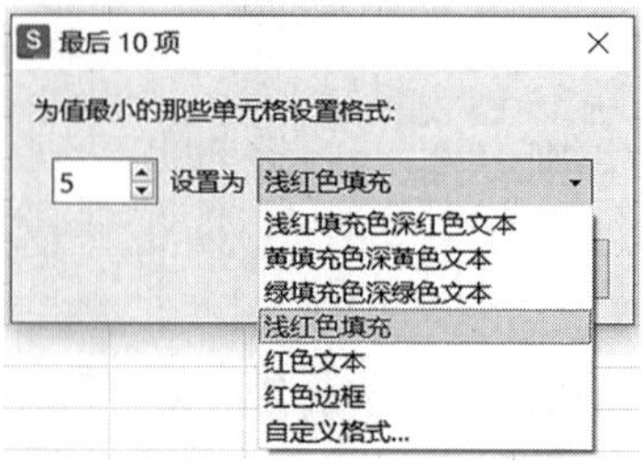

图 5-52　填充设置

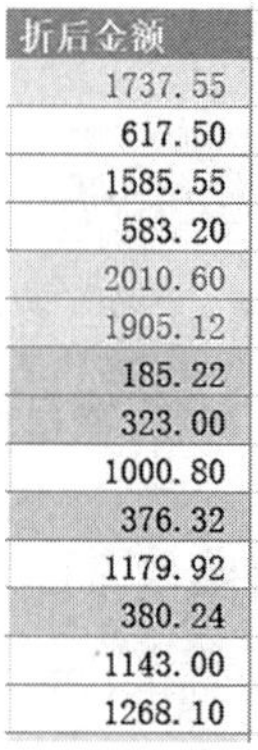

图 5-53　效果显示

最后 5 项的单元格底纹为“浅红色填充”。

三、套用表格样式

套用表格样式是指把已有的格式自动套用到用户指定的区域。套用表格格式是利用“开始”选项卡内的“表格样式”命令组完成的，如图 5-54 所示。

图 5-54　套用表格样式

任务三　公式的使用

一、公式的使用

公式就是 WPS 表格中的计算式，常用于计算单元格的值。

1. 公式的格式

【案例】

在图 5-55 所示的工作表中，销售额应等于“销售数量 * 单价”。

	A	B	C	D
1	产品名称	销售数量	单价（万元）	销售额（万元）
2	1P空调	89	￥0.268	
3	2P空调	162	￥0.460	
4	3P空调	75	￥0.626	

图 5-55　公式的使用

那应该怎样在 WPS 表格中体现这种表达式呢？这里可以用单元格的名称来表示，例如 1P 空调的销售额对应的单元格为 D2，它的销售数量和单价分别对应了 B2 和 C2，因此可以得出

D2=B2*C2。

单击 D2 单元格，直接输入“=B2*C2”；或者先输入“=”，然后单击 B2 单元格，再输入“*”，之后再单击 C2 单元格，依次完成公式内容的输入，如图 5-56 所示。

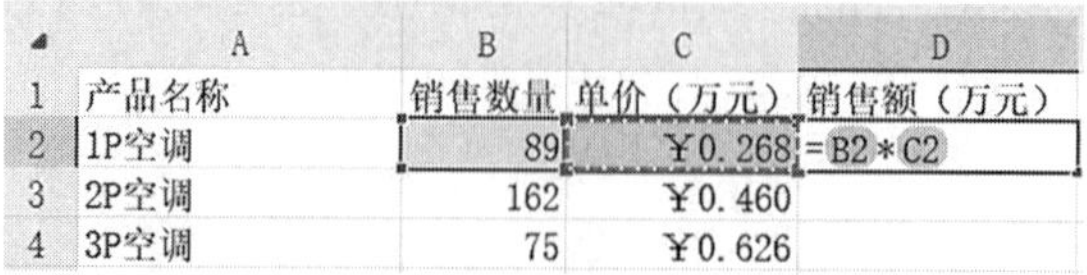

	A	B	C	D
1	产品名称	销售数量	单价（万元）	销售额（万元）
2	1P空调	89	￥0.268	=B2*C2
3	2P空调	162	￥0.460	
4	3P空调	75	￥0.626	

图 5-56　输入公式

公式输入完成后按“Enter”键或单击该单元格以外的区域，该单元格就会显示出公式自动计算后的结果，如图 5-57 所示。

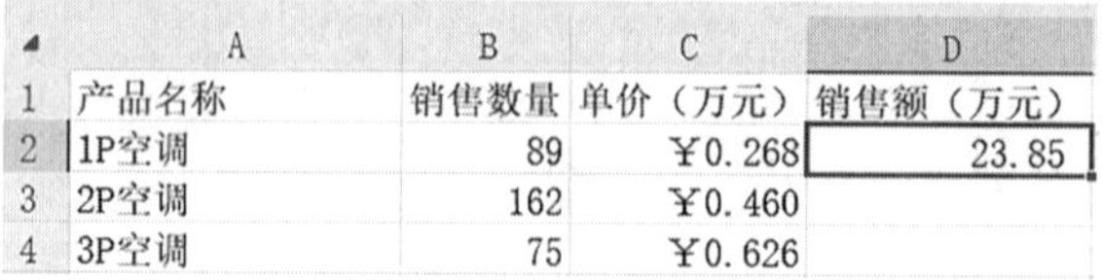

	A	B	C	D
1	产品名称	销售数量	单价（万元）	销售额（万元）
2	1P空调	89	￥0.268	23.85
3	2P空调	162	￥0.460	
4	3P空调	75	￥0.626	

图 5-57　公式自动计算

之后就可以通过复制公式、拖动填充柄等方式去计算其他单元格的值了。

友情提示

①公式的一般格式为“= 表达式”，表达式一般由运算符（如 +、–、*、/ 等）、常量（例如输入的数字）、单元格地址（单击选中的单元格）、函数名称（例如 SUM、IF 等）及括号组成。

②公式的表达式前面必须要有等号“=”。

③公式中不能有空格或中文输入法的符号（因此千万不要把英文逗‘,’输入成中文逗号‘，’，英文逗号较窄，而中文逗号较宽）。

2. 输入公式的方法

输入公式的方法有两种：

方法 1：单击或双击单元格，然后输入公式，例如“=B2*C2”，再按“Enter”键或单击选中单元格以外的区域。这样该单元格就会自动显示公式计算的结果。

方法 2：单击单元格，再单击数据编辑区中的编辑栏，在光标处输入公式，再按“Enter”键或单击编辑栏左侧的“√”按钮确认，如图 5-58 所示。

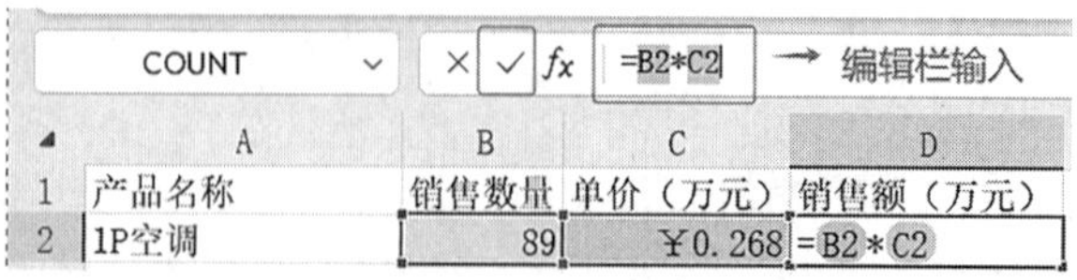

	A	B	C	D
1	产品名称	销售数量	单价（万元）	销售额（万元）
2	1P空调	89	￥0.268	=B2*C2

图 5-58　编辑栏输入公式

在编辑栏里输入单元格地址时，同样可以选择手动输入单元格的名称（如 B2、C2）或者通过单击单元格的方式。如果在输入的过程中单击了编辑栏左侧的“×”按钮，则输入的公式会被删除。如果输入公式后要修改公式，可以单击公式所在单元格，然后在编辑栏修改；也可以双击单元格，在单元格内修改。

3. 运算符

WPS 表格中的运算符，除了加减乘除等算术运算符，还有字符连接运算符和关系运算符。在数学中，当加减乘除同时出现时，乘除的优先级要高于加减，因此要注意是否添加括号。WPS 表格中的运算符也有优先级，图 5–59 按优先级从高到低的顺序列出了常用的运算符及其说明。

运算符	功能	举例
–	负号	-3,-A1
%	百分号	10%(0.1)
^	乘方	4^2(4^2=16)
*、/	乘、除	4*3、16/4
+、–	加、减	5+3、10-6
&	字符串连接符	“未来”&“教育”(“未来教育”)
=、<>	等于、不等于	1=2 结果为假,1<>2 结果为真
>、>=	大于、大于等于	2>1 结果为真,5>=2 结果为真
<、<=	小于、小于等于	2<1 结果为假,5<=2 结果为假

图 5–59　运算符

4. 公式的复制

【案例】

如图 5–60 所示，要求计算各个同学的总分，并将其分别填入 G1、G2 和 G3 单元格。

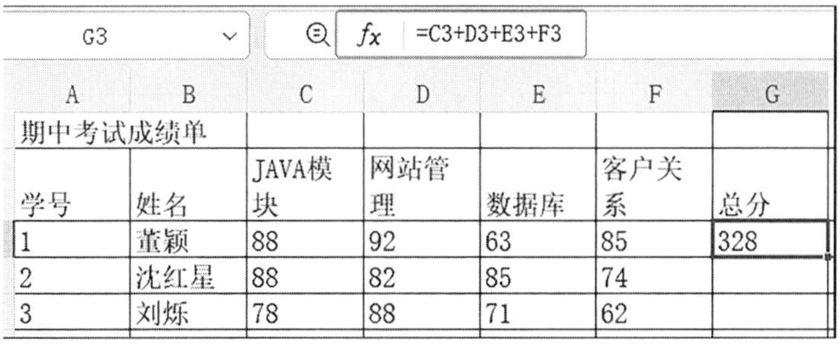

A	B	C	D	E	F	G
期中考试成绩单						
学号	姓名	JAVA模块	网站管理	数据库	客户关系	总分
1	董颖	88	92	63	85	328
2	沈红星	88	82	85	74	
3	刘烁	78	88	71	62	

图 5–60　公式的复制

按前面介绍的方法，可计算出董颖的总分为 328。下面把公式复制到 G2 单元格：在 G1 单元格上单击鼠标右键，在弹出的菜单中点击“复制”命令，然后把鼠标移动到 G2 单元格，单击鼠标右键，再选择“粘贴”命令，此时沈红星（G2 单元格）的总分也被计算出来了，而且公式被准确地修改为“=C4+D4+E4+F4”，如图 5–61 所示。

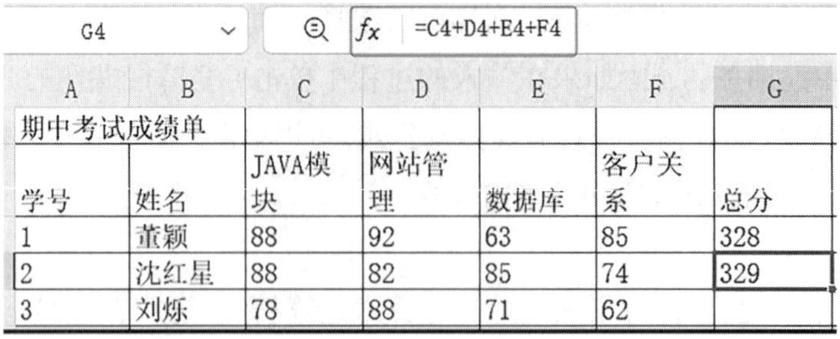

图 5-61　公式复制效果

这是为什么呢？明明复制时 G1 单元格的公式为“=C3+D3+E3+F3”？这就涉及 WPS 表格公式中的重要概念：相对地址和绝对地址。

（1）相对地址

在 WPS 表格中，单元格地址表示单元格的位置，比如 A1 单元格指的是第 A 列和第一行交叉处的单元格。当用户复制公式时，WPS 表格会根据公式的原来位置和复制后的位置的变化自动调整公式中的单元格地址。

例如，上面提到的“=C3+D3+E3+F3”是 G1 单元格的内容，之后又把它复制到了 G2 单元格里。G2 相比 G1 来说，列号没有变，而行号加了 1。所以 WPS 表格在复制公式时会把复制公式中的单元格地址的行号加上 1，列号就保持不变，以保证公式的“=”两边的内容能够保持对应关系。于是公式就变成了“=C4+D4+E4+F4”。

随公式所在的单元格位置变化而变化的单元格地址称为相对地址，例如“=C3+D3+E3+F3”中的 C3、D3、E3、F3。

（2）绝对地址

有时用户希望在复制公式或者使用智能填充时，要求某一个单元格的地址固定不变以保证表格内容不会出错。例如，在计算百分比时常常就需要作为被除数的单元格的地址保持不变，如图 5-62 所示，在计算每个地区的销售额占比时，就希望被除数 F9 保持不变。

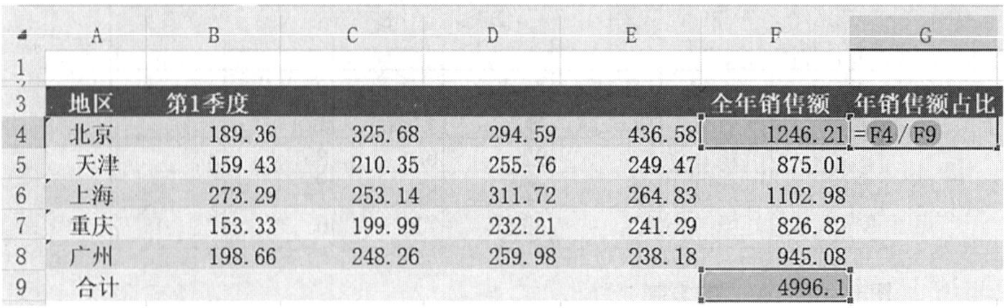

图 5-62　计算销售额占比

如图 5-62 所示，G4 单元格的内容（年销售额占比）可以通过公式“=F4/F9”计算出，结果也是正确的。但是当我们复制公式到 G5 单元格，就会发现公式出错了，如图 5-63 所示。

这是因为使用之前的方法复制公式时，单元格的地址默认为相对地址，因此 G5 单元格对应的公式变为了“=F5/F10”，而 F10 单元格是没有数字的，这也就导致了除法中分母为 0 的错误，如图 5-64 所示。而从逻辑上来说，公式中被除的数应该是销售额的总量，即 F9 单元格。

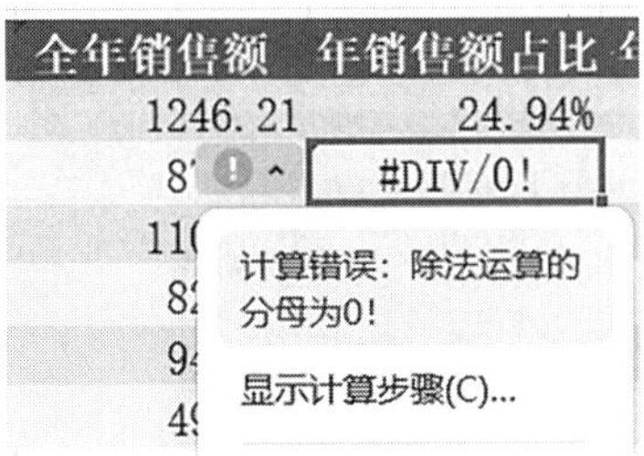

图 5-63 复制公式出错

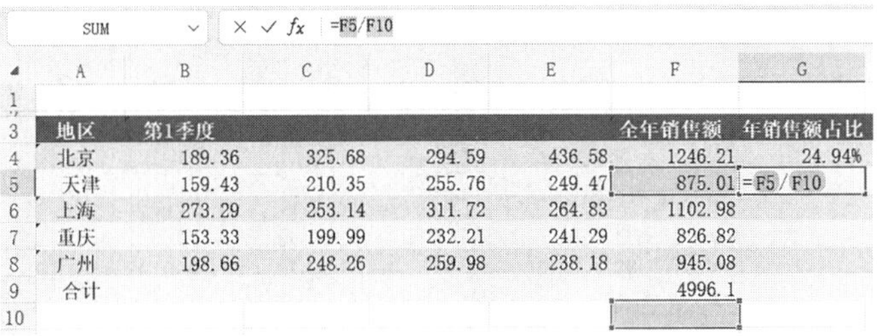

图 5-64 公式错误

这种时候，用于表示销售额总量的单元格地址就必须使用绝对地址来表示。在 WPS 表格中，无论将公式复制到哪一个单元格中，使用绝对地址的单元格都是不变的。为了区别相对地址和绝对地址，绝对地址的列号或行号前会加上“$”符号来表示。

例如：

A1：列号 A 和行号 1 都是相对地址。

$A1：列号 A 是绝对地址，行号 1 是相对地址。

A$1：列号 A 是相对地址，行号 1 是绝对地址。

$A$1：列号 A 和行号 1 都是绝对地址。

在上述例子中，显然销售额总量这个概念在公式中必须固定在 F9 单元格这个位置，即它的列号要固定为 F，行号要固定为 9，这时就需要用到绝对地址了。在公式中输入完 F9 后，框选 F9，并按“F4”键可以快速地为框选的内容添加“$”符号，如图 5-65 所示。

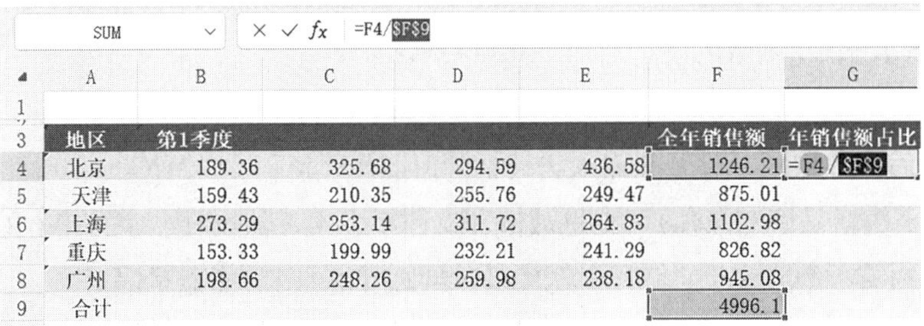

图 5-65 绝对地址

这样 F9 单元格在公式中就变成了绝对地址，接下来无论是复制公式，还是拖动填充柄使用智能填充，公式中的“$F$9”都不会发生变化，得到的结果才是正确的，如图 5-66 所示。

其他复制公式的方法：

除了复制、粘贴公式的方法，还可以用前面提及的拖动单元格填充柄的方法来复制公式，操作方法和拖动填充柄智能填充单元格内容是一样的：拖动单元格右下角的填充柄，将公式填充至其他单元格，即可完成公式的复制。

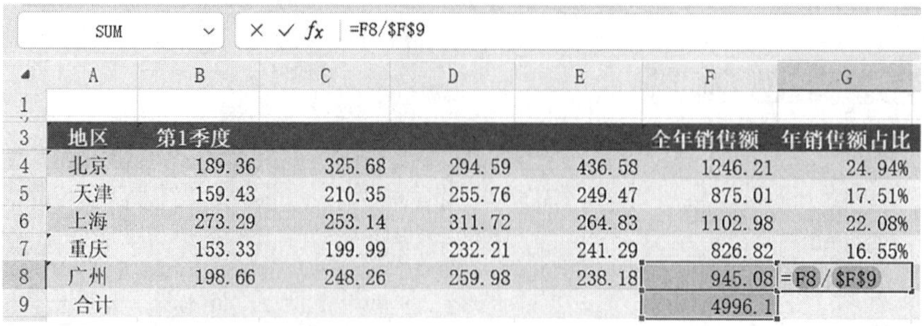

	A	B	C	D	E	F	G
1							
3	地区	第1季度				全年销售额	年销售额占比
4	北京	189.36	325.68	294.59	436.58	1246.21	24.94%
5	天津	159.43	210.35	255.76	249.47	875.01	17.51%
6	上海	273.29	253.14	311.72	264.83	1102.98	22.08%
7	重庆	153.33	199.99	232.21	241.29	826.82	16.55%
8	广州	198.66	248.26	259.98	238.18	945.08	=F8/$F$9
9	合计					4996.1	

图 5-66　绝对地址运算结果

二、函数的使用

1. 函数的用法

函数，可以理解成生活中常用公式的集成、简化。例如要求一个单元格 D1 的值等于 A1、B1、C1 单元格之和，那么应在 D1 单元格输入的公式为“=A1+B1+C1”。不过，也可以用“SUM（A1, B1, C1）”或“SUM（A1:C1）”来代替公式，这里的 SUM 就是求和函数，它表示将括号内的 A1、B1、C1 相加。WPS 函数还有很多，比如求平均值函数 AVERAGE，求最大值函数 MAX，条件函数 IF 等。

函数的格式一般如图 5-67 所示。

SUM（函数名）(A1: C1（参数 1）) 或 SUM（函数名）(A1（参数 1）, B1（参数 2）, C1（参数 3）)

图 5-67　函数的格式

在 WPS 表格中，函数的使用有以下几点要求：

函数必须有函数名，比如 SUM、AVERAGE、MAX 等；

函数名后面必须跟一对英文输入法的括号，比如 SUM（　），MAX（　）；

参数（函数括号里的内容）可以是数值、单元格引用、其他函数、字符串（文字）等；

参数可以有 1 个或多个，多个参数时，各参数之间要用英文逗号隔开。

2. 引用函数

要想使用函数，有两种常用的方法。

方法 1：选中某个单元格，直接输入函数内容或在编辑栏内输入函数内容，如“=SUM（D4:J4）”，之后按“Enter”键或单击选中单元格以外的区域，如图 5-68 所示。

方法 2：单击编辑栏左边的“f_x”按钮，如图 5-69 所示。

或者单击“公式”选项卡中的“插入公式”按钮，如图 5-70 所示。

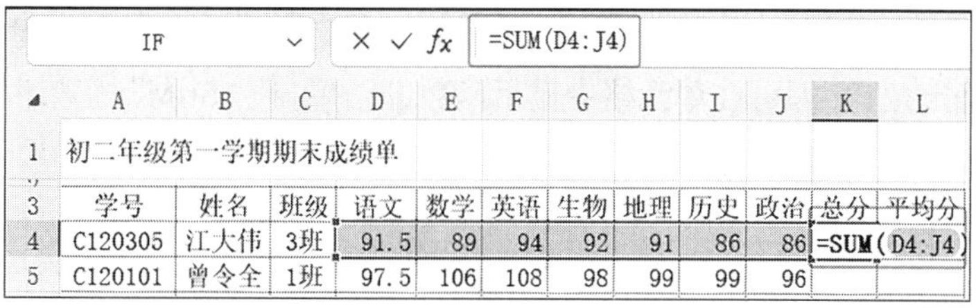

图 5-68　引用函数

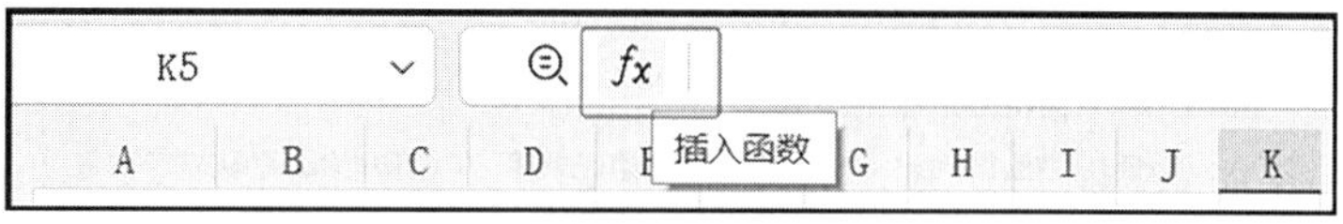

图 5-69　f_x 按钮

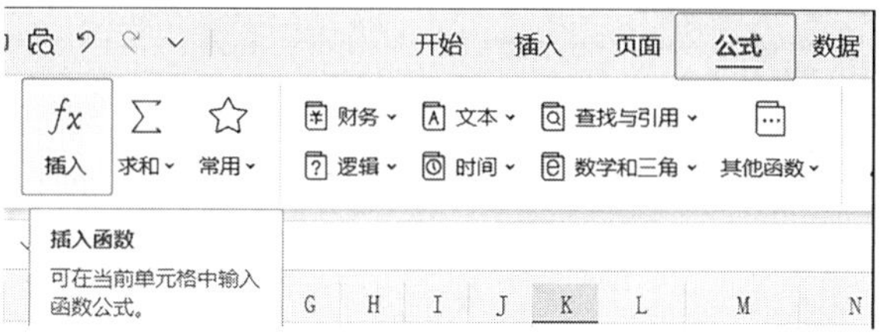

图 5-70　插入公式

这两种操作都会弹出“插入公式”对话框。在“全部函数”选项卡中的“查找函数”对话框中输入函数的名称（可以是部分名称），在“选择函数”中选中想要的函数，如图 5-71 所示。

图 5-71　插入函数

单击右下角的“确定”按钮后，会弹出“函数参数”对话框，在对话框中的文本框输入参数，单击确定按钮，即可在单元格中显示函数的结果。以“SUM”函数举例，在“数值 1”文本框中输入单元格地址“D5:J5”，如图 5–72 所示。

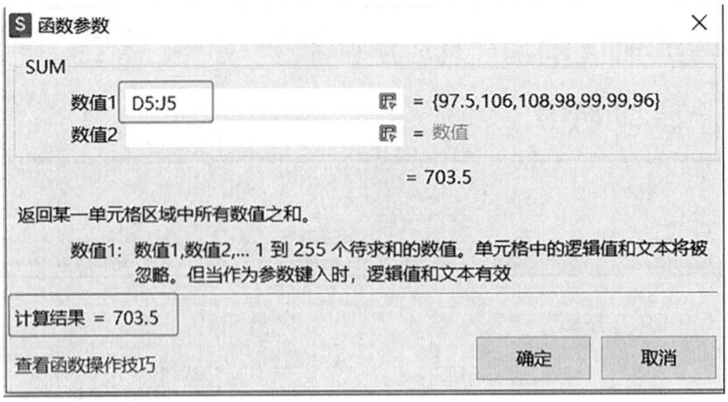

图 5–72　函数参数

单击“确定”按钮后，单元格内就会插入函数并计算出结果，如图 5–73 所示。

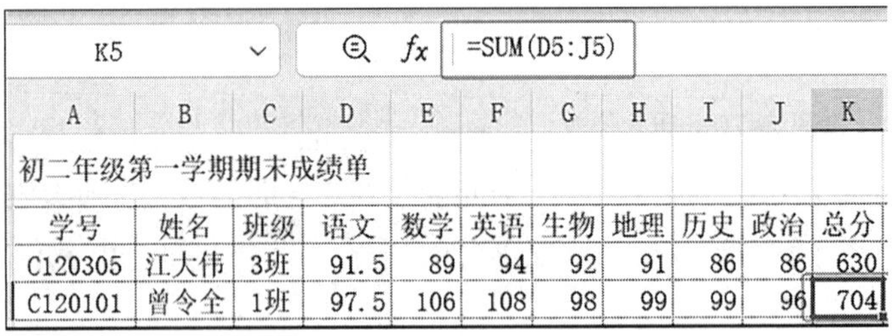

A	B	C	D	E	F	G	H	I	J	K
初二年级第一学期期末成绩单										
学号	姓名	班级	语文	数学	英语	生物	地理	历史	政治	总分
C120305	江大伟	3班	91.5	89	94	92	91	86	86	630
C120101	曾令全	1班	97.5	106	108	98	99	99	96	704

图 5–73　插入函数结果显示

3. 嵌套函数

函数的嵌套是指一个函数内可以包含另一个函数，而且包含的函数可以是自己，以常见的 IF 函数嵌套为例，如图 5–74 所示。

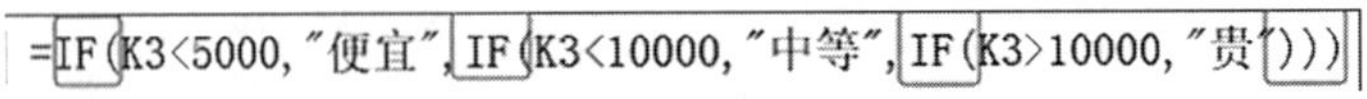

=IF(K3<5000,"便宜",IF(K3<10000,"中等",IF(K3>10000,"贵")))

图 5–74　嵌套函数

可以看到最外层（最左边）的 IF 函数的括号里面又包含了两个 IF 函数，而最里层（最右边）的 IF 函数又是被包含在中层（中间）的 IF 函数的括号里的。

4. 常见函数

（1）SUM（求和函数）

SUM（求和函数）：求各参数的和。例如，总分等于各科成绩的求和，因此 K4 单元格的值等于 D4 到 J4 单元格值的求和，如图 5–75 所示。

	A	B	C	D	E	F	G	H	I	J	K	L
1	初二年级第一学期期末成绩单											
3	学号	姓名	班级	语文	数学	英语	生物	地理	历史	政治	总分	平均分
4	C120305	江大伟	3班	91.5	89	94	92	91	86	86	=SUM(D4:J4)	

图 5-75 求总分

（2）AVERAGE（求平均值函数）

AVERAGE（求平均值函数）：求各参数的平均值。例如，平均分等于各科成绩的平均值，因此 L4 单元格的值等于 D4 到 J4 单元格值的平均值，如图 5-76 所示。

	A	B	C	D	E	F	G	H	I	J	K	L	M
1	初二年级第一学期期末成绩单												
3	学号	姓名	班级	语文	数学	英语	生物	地理	历史	政治	总分	平均分	
4	C120305	江大伟	3班	91.5	89	94	92	91	86	86	630	=AVERAGE(D4:J4)	

图 5-76 求平均分

（3）RANK（排名函数）

RANK（排名函数）：返回某数值相对其他数值的大小排名。例如，按照总分从高到低统计每个同学的名次（利用 RANK 函数）。

①选中第一个同学的单元格，并插入 RANK 函数，如图 5-77 所示。

RANK　× ✓ fx　=RANK()

	A	B	C	D	E	F	G	H	I
1	期中考试成绩单								
2	学号	姓名	JAVA模块	网站管理	数据库	客户关系	总分	平均分	名次
3	1	董颖	88	92	63	85	328	82.00	=RANK()
4	2	沈红星	88	82	85	74	329	82.25	
5	3	刘烁	78	88	71	62	299	74.75	
6	4	李天硕	98	67	25	50	240	60.00	
7	5	周小宇	88	84	85	62	319	79.75	

图 5-77 排名函数

②在 RANK 函数的括号中输入参数，如图 5-78 所示。

RANK　× ✓ fx　=RANK(H3, $H$3:$H$7, 0)

	A	B	C	D	E	F	G	H	I
1	期中考试成绩单								
2	学号	姓名	JAVA模块	网站管理	数据库	客户关系	总分	平均分	名次
3	1	董颖	88	92	63	85	328	82.00	=RANK(H3, $H$3:$H$7, 0)
4	2	沈红星	88	82	85	74	329	82.25	
5	3	刘烁	78	88	71	62	299	74.75	

图 5-78 排名函数输入参数

或者通过“函数参数”对话框来输入参数，如图 5–79 所示。

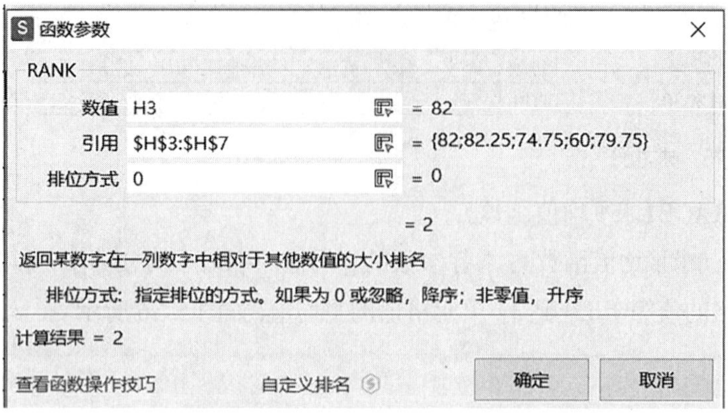

图 5–79　排名函数参数

这两种方式任选一种即可。RANK 函数的第一个参数为“指定的数字”，即需要排序的数字；第二个参数为“一组数据或列表的引用”，即排序的范围，注意这个范围往往是不变的，所以要考虑是否加上绝对引用；第三个参数为“排位方式”，如果输入 0，则是降序排序（从高到低）；如果输入 0 以外的数字，则是升序排序（从低到高）。

单击“确定”按钮之后就可以得到排序的结果，如图 5–80 所示。

	A	B	C	D	E	F	G	H	I
1	期中考试成绩单								
2	学号	姓名	JAVA模块	网站管理	数据库	客户关系	总分	平均分	名次
3	1	董颖	88	92	63	85	328	82.00	2
4	2	沈红星	88	82	85	74	329	82.25	
5	3	刘烁	78	88	71	62	299	74.75	
6	4	李天硕	98	67	25	50	240	60.00	
7	5	周小宇	88	84	85	62	319	79.75	

图 5–80　排序结果

接着拖动填充柄到指定位置，即可得到全部的排名，如图 5–81 所示。

	A	B	C	D	E	F	G	H	I
1	期中考试成绩单								
2	学号	姓名	JAVA模块	网站管理	数据库	客户关系	总分	平均分	名次
3	1	董颖	88	92	63	85	328	82.00	2
4	2	沈红星	88	82	85	74	329	82.25	1
5	3	刘烁	78	88	71	62	299	74.75	4
6	4	李天硕	98	67	25	50	240	60.00	5
7	5	周小宇	88	84	85	62	319	79.75	3

图 5–81　拖动填充柄

(4) COUNT（计数函数）

COUNT（计数函数）：返回包含数字的单元格以及参数列表中的数字的个数。例如，有一份工作表，需要统计员工的总数，应先选中用于统计总数的单元格，如图 5-82 所示。

图 5-82　选中计数单元格

接着插入 COUNT 函数，COUNT 函数的参数很简单，只需要指定一系列要计数的单元格即可。例如对于员工，可以用工号来指代他们，因此要统计员工人数，只要统计工号的数量即可，如图 5-83 所示。

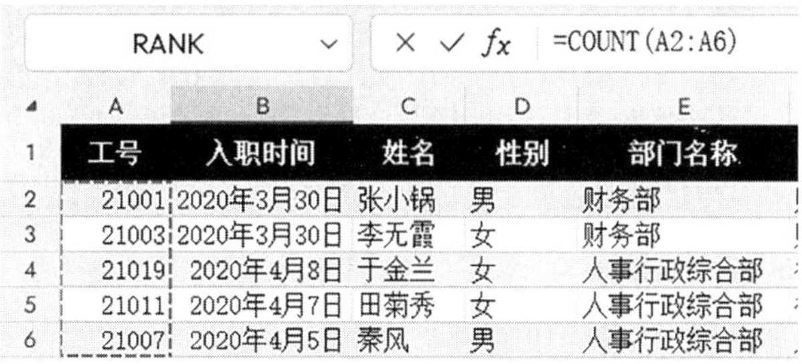

图 5-83　统计员工人数

指定方式可以是在 COUNT 函数的括号内输入或框选“A2:A6”，也可以通过“函数参数”对话框，如图 5-84 所示。

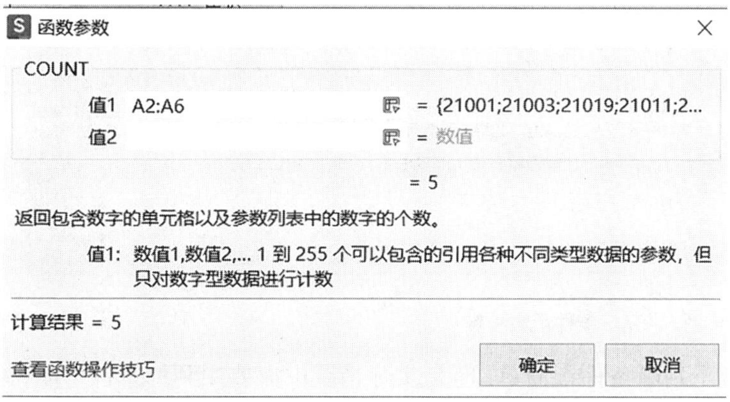

图 5-84　计数函数参数

无论采用哪种方式，单击确定后即可得到计数结果，如图 5-85 所示。

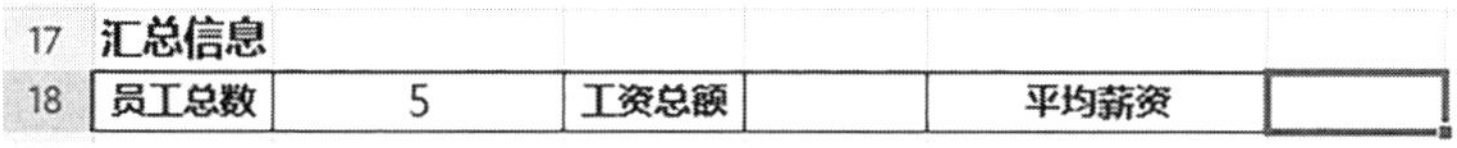

图 5-85　计数结果

（5）IF（条件函数）

IF（条件函数）：用于判断条件是否满足，如果条件满足则返回一个值（真值），如果条件不满足则返回另一个值（假值）。正如它的名字，条件函数常用于有条件判断的场合。IF 函数有 3 个参数，第一个参数为“条件表达式”，第二个参数为“真值”，它表示条件成立的情况下要进行的具体操作，比如返回某个值；第三个参数为“假值”，它表示条件不成立的情况下要进行的具体操作，比如返回某个值，或进一步做条件判断。

例如，有一个单元格 A1 表示成绩，现在需要在 B1 单元格判断成绩是否合格，判断条件是“成绩 >=60 为合格，否则为不合格”。那么在 B1 可以输入这个公式“=IF（A1>=60，" 合格 "，" 不合格 "）”来得出结果。其中“合格”为真值，即条件（>=60）成立时的结果是“合格”，“不合格”为假值，即条件不成立时的结果，如图 5-86 所示。

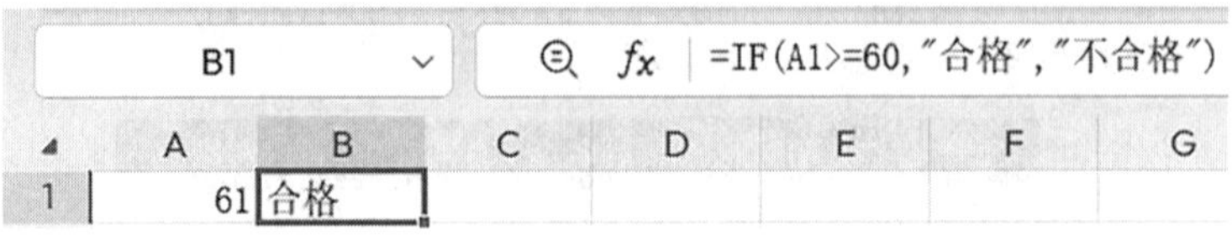

图 5-86　条件函数

除了直接在 B1 输入公式，也可以通过单击“公式”选项卡的“插入函数”功能，选择 IF 函数之后，在弹出的“函数参数”框中进行设置，如图 5-87 所示。

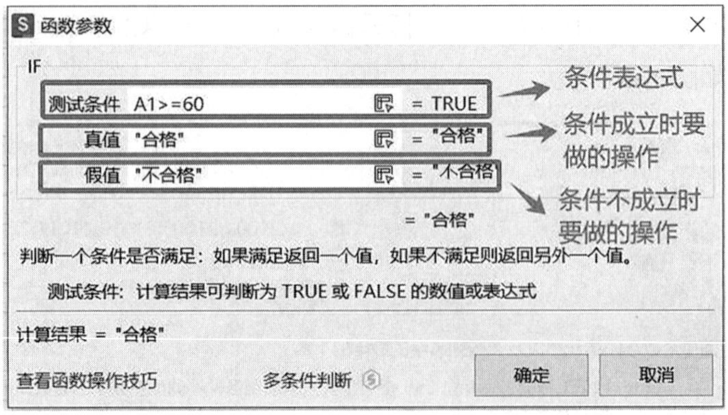

图 5-87　条件函数参数

上面的例子判断条件很简单，但是实际情况中需要用到的条件可能很复杂，即多重判断。这种情况下就要使用到 IF 函数的嵌套。

【案例】

如图 5-88 所示，在单元格区域 L3:L9，使用 IF/IFS 函数对各个装修类型的费用进行评估（费用 <5000 为”便宜”，5000<= 费用 <10000 为”中等”，费用 >=10000 为”贵”）。

上面的条件就比较复杂了，但是可以通过一步步判断的方式把条件拆分出来。

①先判断费用是否 <5000，如果条件成立，就如要求所说在真值处填入“便宜”，如图 5-89 所示。

类别	费用	费用评估
基础建设	K3 52460	L3
客餐厅及过道	55328	
厨房	3640	
卫生间	3560	
主卧	11050	
儿童房	7460	
书房	K9 2880	L9

图 5-88　费用评估

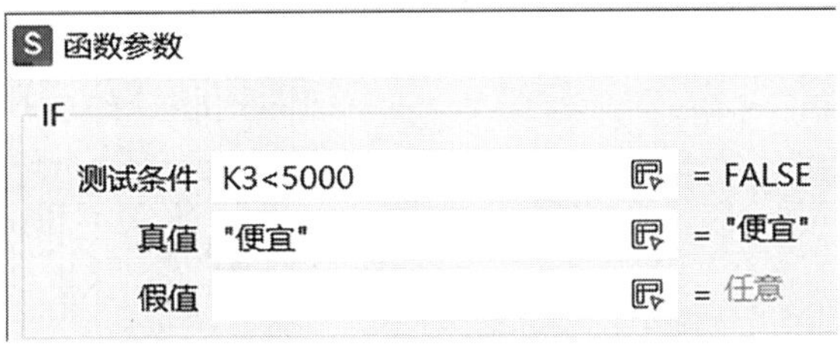

图 5-89　多重判断参数 1

②如果这个条件不成立，那函数就要进入到“假值”的部分。在“假值”处继续判断“费用 <10000”（5000<= 的部分不需要写进判断，因为费用 <5000 的条件不成立就意味着费用一定会 >=5000），依然使用 IF 函数来进行判断，如图 5-90 所示。

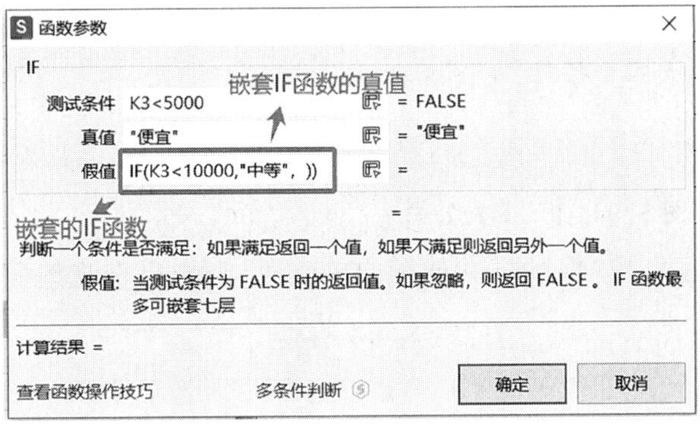

图 5-90　多重判断参数 2

根据要求，“5000<= 费用 <10000”时为“中等”，因此在嵌套的 IF 函数的真值处填入“中等”，如图 5-91 所示。如果这个条件还不成立，那就在嵌套的 IF 函数的假值处接着进行条件判断，剩下的判断条件只有“费用 >10000”了。

K3 单元格对应的完整 IF 函数公式及最终得到的结果如图 5-92、图 5-93 所示。

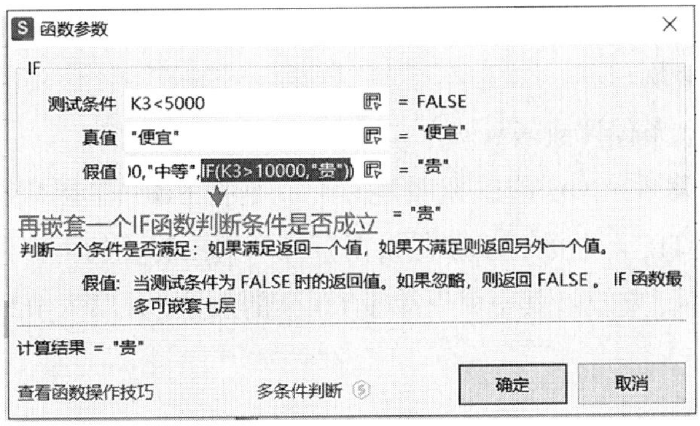

图 5-91　多重判断参数 3

=IF(K3<5000,"便宜",IF(K3<10000,"中等",IF(K3>10000,"贵")))

图 5-92　完整的 IF 函数公式

类别	费用	费用评估
基础建设	52460	贵
客餐厅及过道	55328	贵
厨房	3640	便宜
卫生间	3560	便宜
主卧	11050	贵
儿童房	7460	中等
书房	2880	便宜

图 5-93　最终结果

（6）IFS（多条件函数）

看完上面的 IF 函数嵌套的例子，大家是否会觉得很麻烦？这是因为 IF 函数是单条件表达式的，一次只能输入一个条件，所以在多条件的情况下只能把条件用嵌套的方式来“塞”进去。而 IFS 函数解决了这个缺点，IFS 函数的逻辑和 IF 函数是一样的，区别在于 IFS 函数允许直接填入多个条件，如图 5-94 所示。

=IFS(K3>=10000,"贵",K3>=5000,"中等",K3<5000,"便宜")

图 5-94　IFS 函数公式

如果使用“函数参数”框的方式使用 IFS 函数，则能更直观地看出区别，如图 5-95 所示。

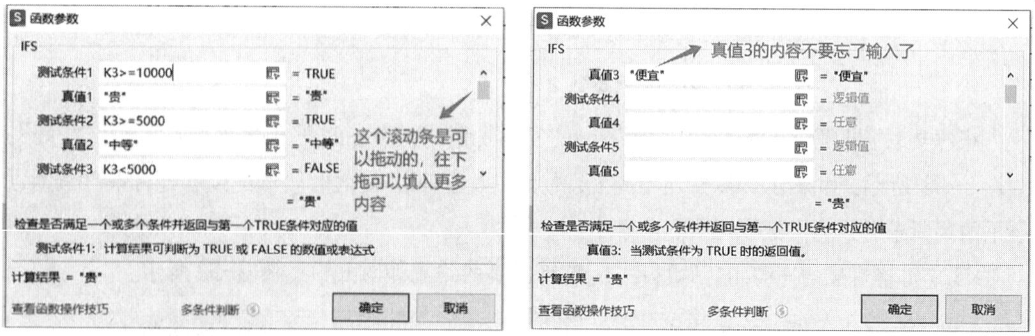

图 5-95　多条件函数参数

（7）COUNTIF（条件计数函数）

通过观察可以发现，COUNTIF 函数实际上就是把 COUNT 函数和 IF 函数结合在一起使用，因此 COUNTIF 函数的逻辑就是根据条件筛选出想要的内容再进行计数。例如，工作表中有 5 份成绩，要统计其中大于等于 60 分的人数，并填入 B2 单元格，如图 5-96 所示。

此时就可以使用 COUNTIF 函数达成目的了，如图 5-97 所示。

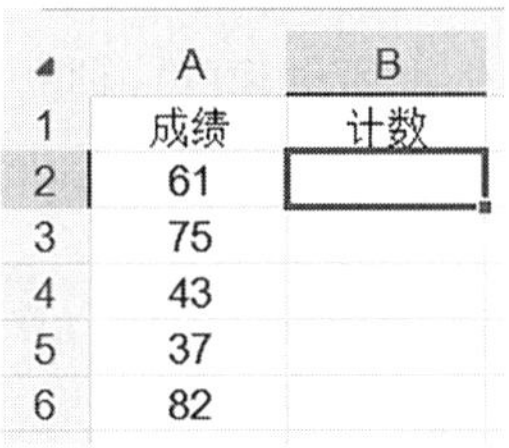

图 5-96　条件计数函数

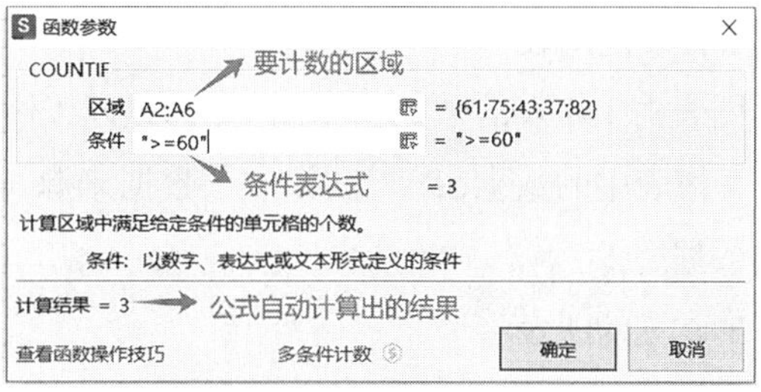

图 5-97　条件计数函数参数

（8）SUMIF（条件求和函数）

与 COUNTIF 函数类似，SUMIF 也是一个复合函数，它是 SUM 函数和 IF 函数的结合，即筛选出符合条件的值再进行求和。还是以上面的例子举例，这次要求把成绩大于等于 60 的同学的年龄做一个求和，如图 5-98 所示。

从图中可以看到，SUMIF 函数的参数和 COUNTIF 很像，第一个参数都是用于“条件判断的区域”，第二个参数都是“条件”。只是 SUMIF 多了一个参数，它的第三个参数为“求和区域”。

（9）AVERAGEIF（条件求平均值函数）

AVERAGEIF 是 AVERAGE 函数和 IF 函数的结合，和 SUMIF 函数的逻辑是一样的，只是最终操作从求和变成了求平均值，如图 5-99 所示。

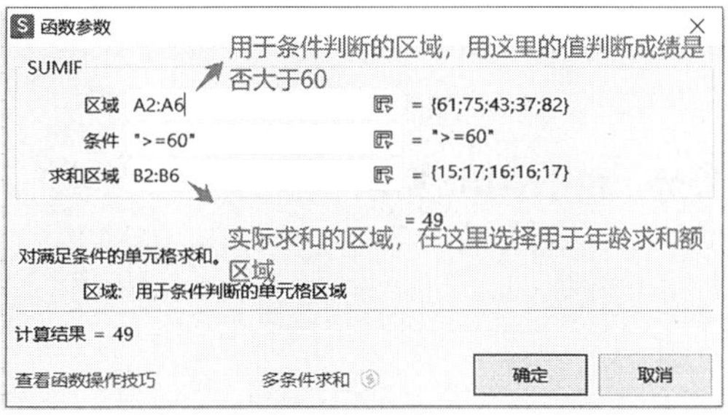

图 5-98　条件求和函数参数

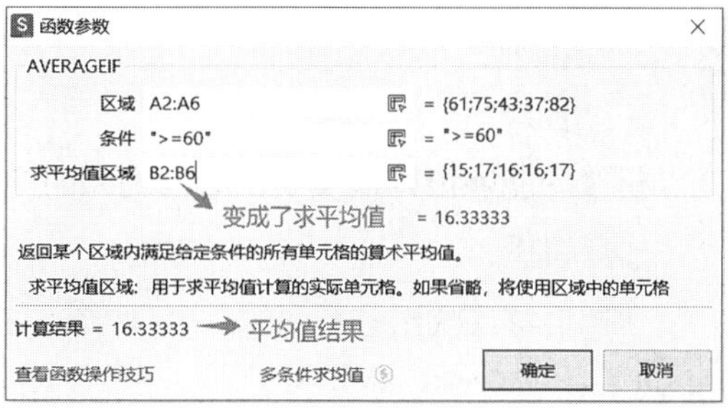

图 5-99　条件求平均值函数参数

任务四　WPS表格中的图表设置

在使用 WPS 表格的过程中，常常会觉得工作表中的数据不够直观。例如，每个月气温的变化波动，如果用折线图表示就能更加直观地反映出温度变化趋势；每种产品的销售额占比，如果用饼图表示就能对各产品的份额占比一目了然。WPS 表格能够把数据转换成图表，使数据能够以更直观的方式呈现出来。

一、图表的基本概念

1. 什么是图表

图表由工作表的数据衍生而来，即是以工作表中的数据作为依据所创建的一种图形。没有工作表中的数据，图表就没有了数据来源，所以创建图表的前提是工作表中有准确无误的数据。

2. 常见的图表

（1）柱形图

柱形图是一种以竖向长方形的长度为变量的统计图表，它能够直观地反映出各系列的数值大小，以及它们之间的不同，如图 5–100 所示。

（2）条形图

条形图是柱形图的水平表现形式，如图 5–101 所示。

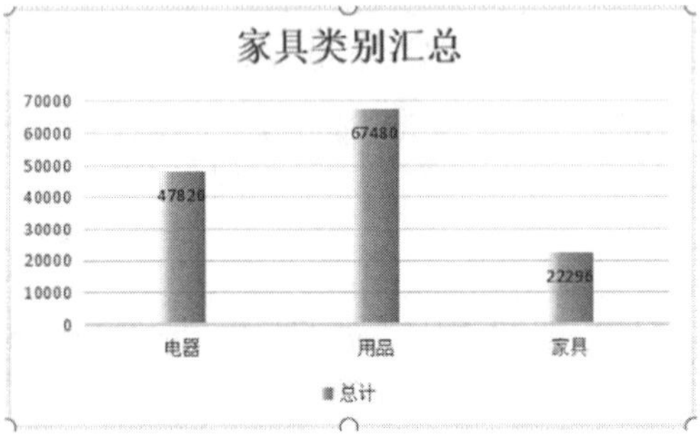

图 5–100　柱形图

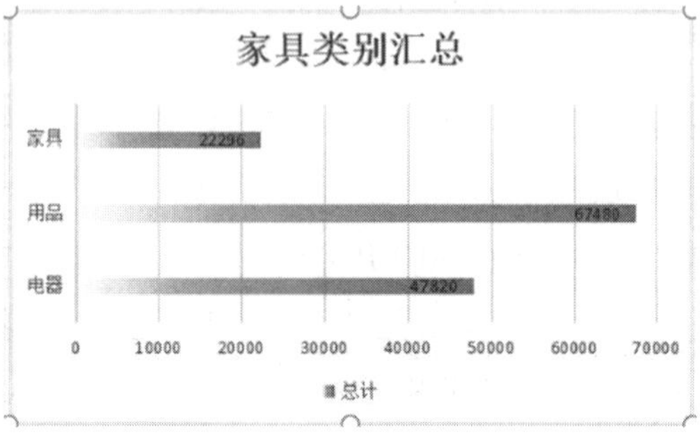

图 5–101　条形图

（3）折线图

折线图能够很好地反映出系列之间的变化趋势，如图 5–102 所示。

（4）饼图

饼图能够反映出各系列的占比，如图 5–103 所示。

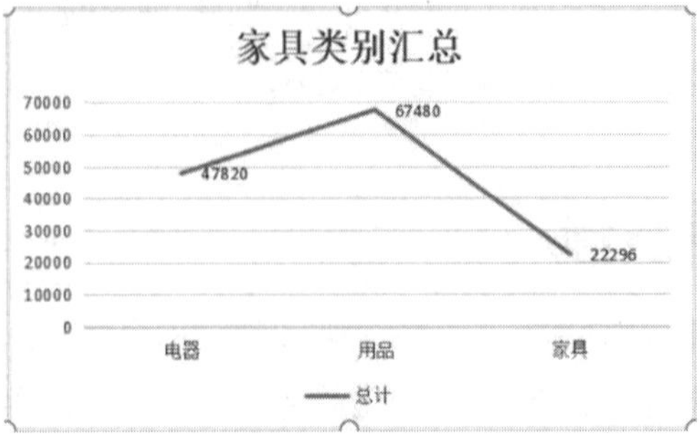

图 5–102　折线图

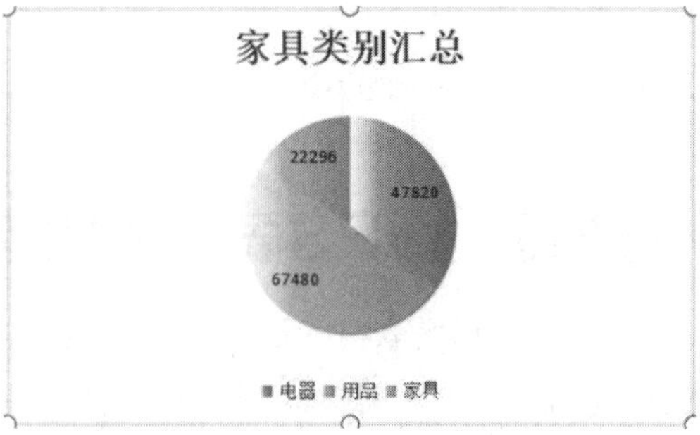

图 5–103　饼图

3. 图表的主要组成部分

（1）系列

系列来源于创建图表时使用的行或列。例如图 5–104 所示的 3 个“蓝色柱子”，就是该图中的系列。系列在图表中显示的往往是图表的横轴或者纵轴的数据。

（2）坐标轴

坐标轴由图表的横轴和纵轴组合构成。

（3）标题

图表的标题，也可以重命名。

（4）图例

图例用于说明各个系列表示的是什么内容，例如图 5–104 中的图例为“总计”，说明各系列的数据来源于创建该图表的表格中的“总计”列。

（5）数据标签

数据标签用于表示各系列的数值，该数据来源于创建图表的表格。

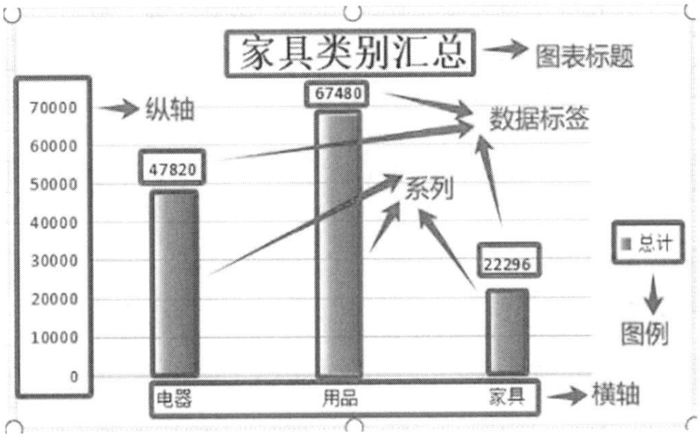

图 5–104 图表的主要组成部分

二、创建图表

在 WPS 表格中创建图表最常用的方法之一是通过“插入”选项卡的“全部图表”按钮，如图 5–105 所示。

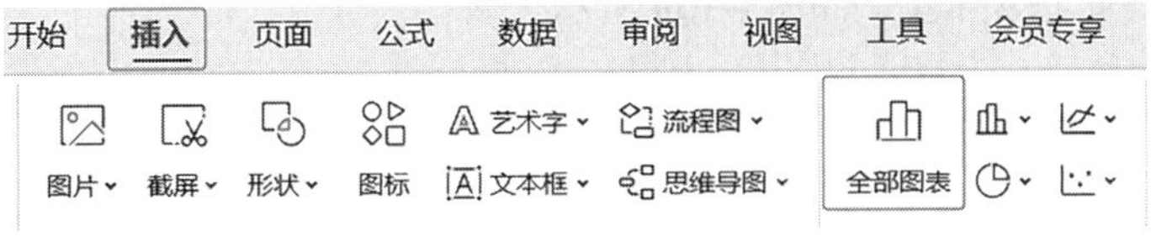

图 5–105 创建图表

下面以图 5-106 所示工作表为例，演示创建图表的方法。

①选取图表的数据源，也就是工作表中的单元格区域。本例中选取 B1:E6 范围的单元格，如图 5-107 所示。

	B	C	D	E
1	第一季度	第二季度	第三季度	第四季度
2	171936	166860	205036	192649
3	204286	234815	289425	292561
4	198932	174668	297046	263539
5	252862	298337	368905	199998
6	291878	245225	403884	397263

图 5-106　工作表

	B	C	D	E
1	第一季度	第二季度	第三季度	第四季度
2	171936	166860	205036	192649
3	204286	234815	289425	292561
4	198932	174668	297046	263539
5	252862	298337	368905	199998
6	291878	245225	403884	397263

图 5-107　选取图表的数据源

②单击“插入”选项卡中的“全部图表”按钮，在弹出的“插入图表”对话框中选择需要的图表类型，这里以折线图为例，从对话框中选择想要的图形创建出图表，如图 5-108 所示。

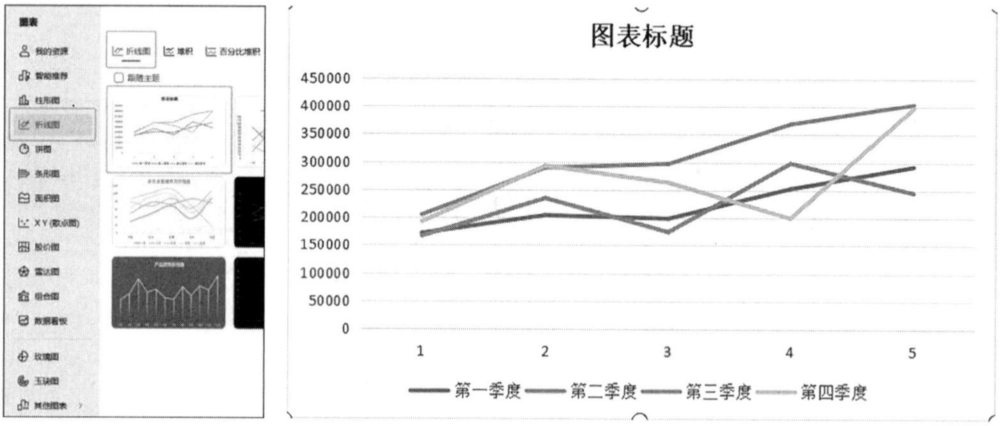

图 5-108　创建折线图

当图表创建出来后，就可以对其进行编辑修改了。

三、编辑图表

选中图表时，在选项卡区域会出现一个新的选项卡“图表工具”，编辑图表时需要的功能都在“图表工具”选项卡里，如图 5-109 所示。

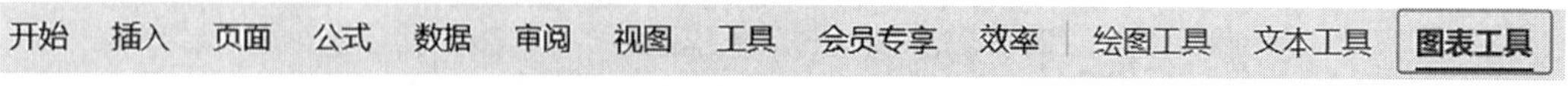

图 5-109　图表工具

1.“添加元素”功能

在“图表工具”选项卡的功能区中有一个“添加元素”功能，单击“添加元素”

按钮，会弹出一个快捷菜单，里面有“图表标题”“图例”“数据标签”等常用功能选项，如图 5–110 所示。

图 5–110 添加图表元素

2.“快速布局”按钮

“快速布局”按钮主要用于将图表快速设置成 WPS 预制的样式。

3.“更改类型”按钮

单击“更改类型”按钮，在弹出的对话框中可以修改图表的类型，如图 5–111 所示。

图 5–111 快速布局

4.“切换行列”按钮

单击“切换行列”按钮后，横轴和纵轴的内容将会互相调换。

5.“选择数据”按钮

“选择数据”按钮可以修改图表的源数据，比如向图表中添加数据，如图 5–112 所示。

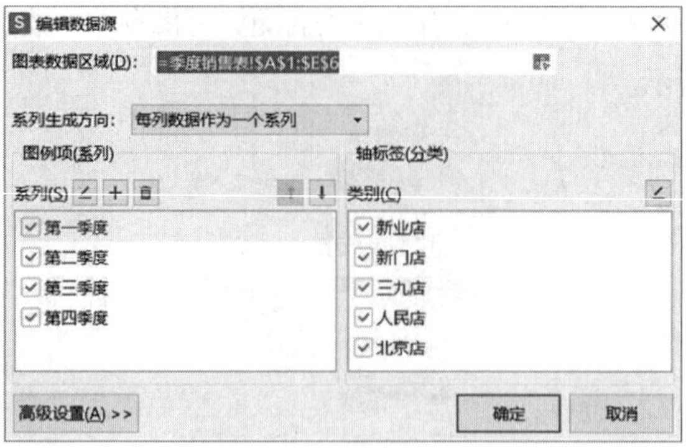

图 5–112　选择数据

6. 设置图表区域格式

选中图表中的某个图表元素时，比如“图表区”“绘图区”“系列”等，在此区域的上方会显示选择的图表元素名称，单击下方的“设置格式”按钮，如图 5–113 所示，在右侧会弹出一个“属性”窗格，如图 5–114 所示。

图 5–113　设置图表区域格式

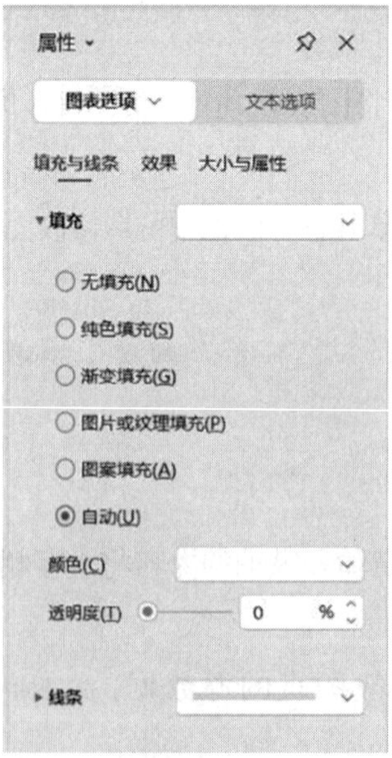

图 5–114　“属性”窗格

下面以一个案例作为演示，说明编辑图表时的步骤。

【案例】

选取“姓名”列(B2: B24)和“数据库”列(E2: E24)的单元格内容，建立“簇状柱形图”，图表标题为“数据库成绩统计图”，不显示图例，移动并适当调整图表大小将其显示在 A26: I42 单元格区域。

【解题步骤】

①选取要求的数据列，创建图表，如图 5-115 所示。

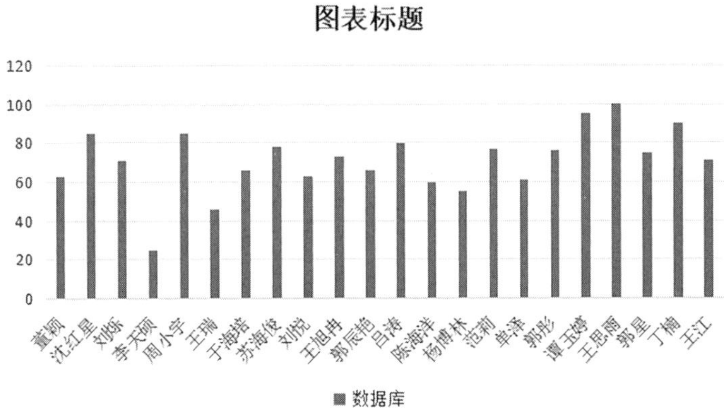

图 5-115　创建图表

②如果图表中没有“图表标题”，或者是其他的图表元素，都可以通过单击“添加元素”按钮，在弹出的菜单里找到对应的元素进行设置，如图 5-116 所示。

图 5-116　图表标题

③本例中要求图表标题为“数据库成绩统计图”，选中图表中的“图表标题”，按要求输入，如图 5-117 所示。

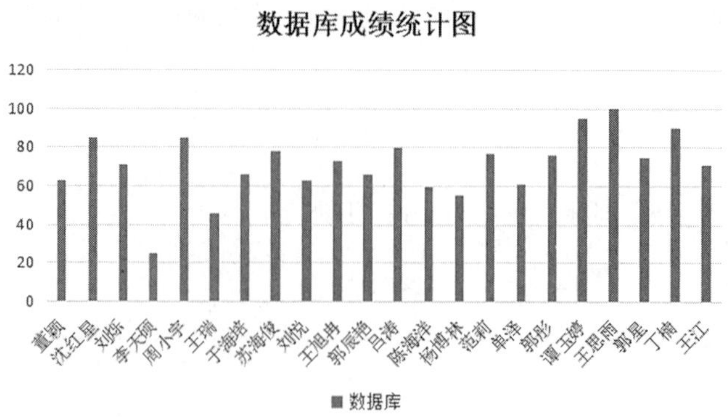

图 5-117　设置图表标题

④单击“添加元素”按钮，找到“图例”，选择“无”，即可不显示图例，如图 5-118 所示。

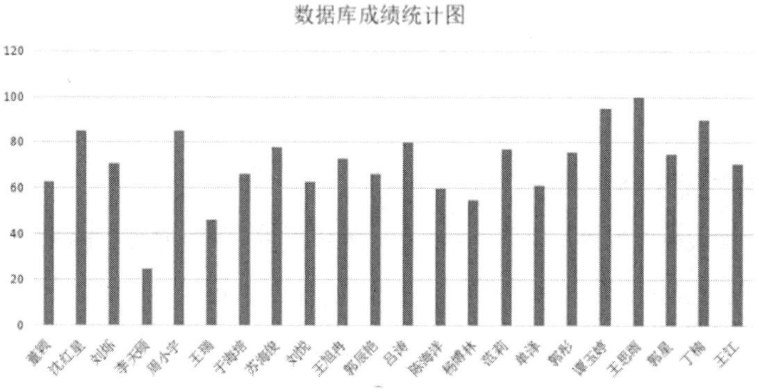

图 5-118　不显示图例

⑤单击选中图表，按住鼠标左键拖动图表到 A26:I42 区域内，并调整图表大小使之不会超出 A26:I42 区域的边界，如图 5-119 所示。

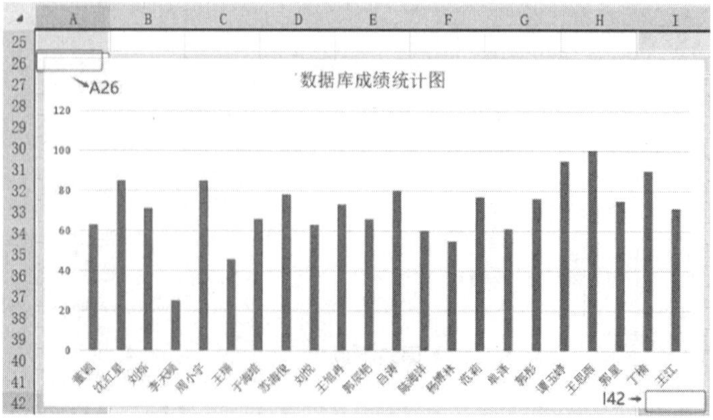

图 5-119　调整图表大小

任务五　数据分析和处理

一、排序

排序类似于排名，是以一个关键字（主要关键字）或多个关键字（次要关键字）作为排序依据，按照升序或降序的方式把数据重新排列。例如以“分数”作为关键字，可将全部学生的成绩从高到低（降序）排列。

以图 5–120 所示，对数据区域进行排序，主关键字为“类别”，按升序排序；次关键字为“总计（元）”，按降序排序。

	A	B	C	D	E	F
1	类别	名称	单位	数量	单价（元	总计（元）
2	用品	抱枕	个	4	99	396
3	电器	电磁炉	台	1	300	300
4	家具	鞋柜	个	2	300	600
5	电器	烤箱	台	1	360	360
6	电器	电热水器	台	1	580	580
7	家具	餐椅	个	6	580	3480
8	家具	书椅	张	1	580	580
9	电器	电饭煲	台	1	600	600
10	家具	床头柜	张	3	600	1800
11	用品	窗帘	张	18	600	10800
12	家具	茶几	个	2	680	1360
13	家具	梳妆台	张	2	800	1600
14	用品	地毯	张	8	800	6400
15	用品	沙发套	套	1	860	860

图 5–120　排序

排序步骤如下：

①单击 A1:F15 单元格区域中的任一单元格，再单击“数据”选项卡，在功能区找到“排序”按钮，单击“自定义排序”打开“排序”对话框，如图 5–121 所示。

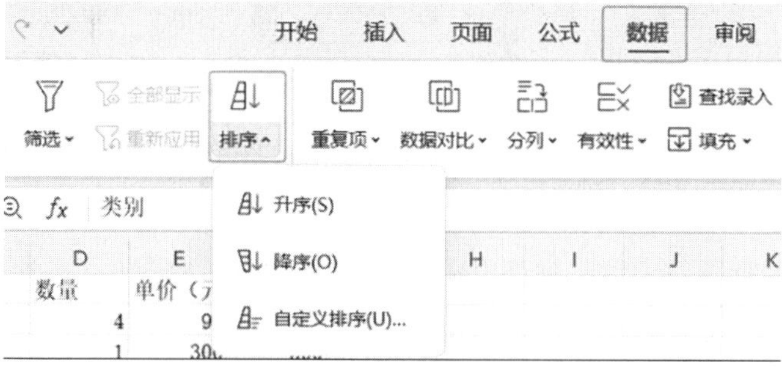

图 5–121　排序对话框

②在弹出的对话框中，在“主要关键字”中选择类别，将次序设置为“升序”；然后单击左上角的“添加条件”添加一个“次要关键字”，将次要关键字设置为“总计（元）”，并将次序选为“降序”，最后单击“确定”按钮即可完成排序，如图 5–122 所示。

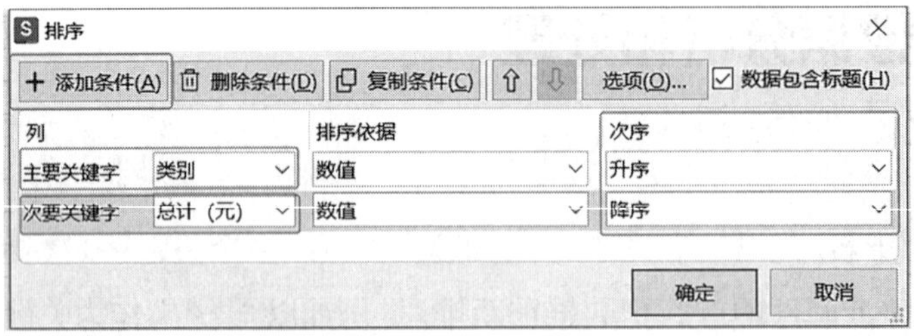

图 5-122　排序添加条件

二、筛选

筛选是指将符合条件的数据显示出来，而不符合条件的数据将被隐藏起来不显示。例如，将图 5-123 中班级为“二班”的学生筛选出来，其他学生不予显示。

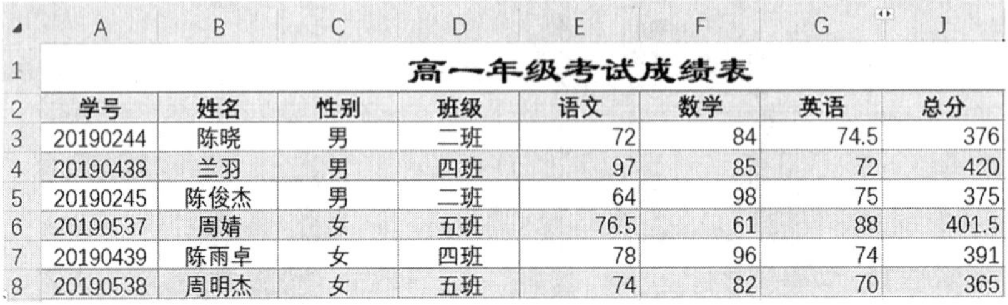

	A	B	C	D	E	F	G	J
1	高一年级考试成绩表							
2	学号	姓名	性别	班级	语文	数学	英语	总分
3	20190244	陈晓	男	二班	72	84	74.5	376
4	20190438	兰羽	男	四班	97	85	72	420
5	20190245	陈俊杰	男	二班	64	98	75	375
6	20190537	周婧	女	五班	76.5	61	88	401.5
7	20190439	陈雨卓	女	四班	78	96	74	391
8	20190538	周明杰	女	五班	74	82	70	365

图 5-123　筛选

常见的筛选操作有以下几种。

1. 自动筛选

首先单击工作表单元格区域中的任一单元格，然后单击“数据”选项卡中的“筛选”按钮，如图 5-124 所示。

图 5-124　自动筛选

此时工作表的标题行中每一列都出现了一个下拉按钮，如图 5-125 所示。

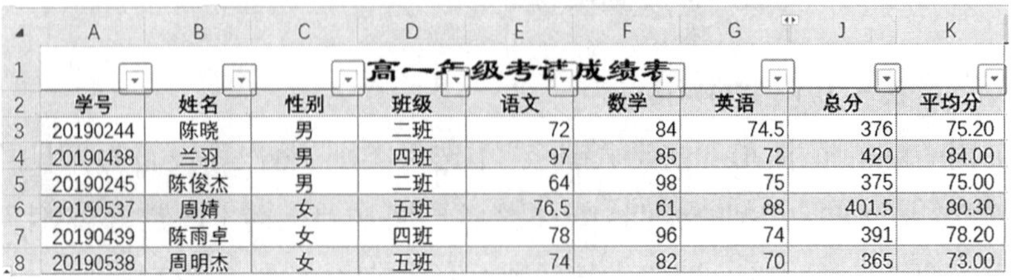

	A	B	C	D	E	F	G	J	K
1	高一年级考试成绩表								
2	学号	姓名	性别	班级	语文	数学	英语	总分	平均分
3	20190244	陈晓	男	二班	72	84	74.5	376	75.20
4	20190438	兰羽	男	四班	97	85	72	420	84.00
5	20190245	陈俊杰	男	二班	64	98	75	375	75.00
6	20190537	周婧	女	五班	76.5	61	88	401.5	80.30
7	20190439	陈雨卓	女	四班	78	96	74	391	78.20
8	20190538	周明杰	女	五班	74	82	70	365	73.00

图 5-125　筛选下拉按钮

单击“班级”列的下拉按钮后会出现一个菜单栏，将鼠标移动至“二班”上时会出现“仅筛选此项”，单击此按钮，然后再单击“确定”按钮，如图 5-126 所示。

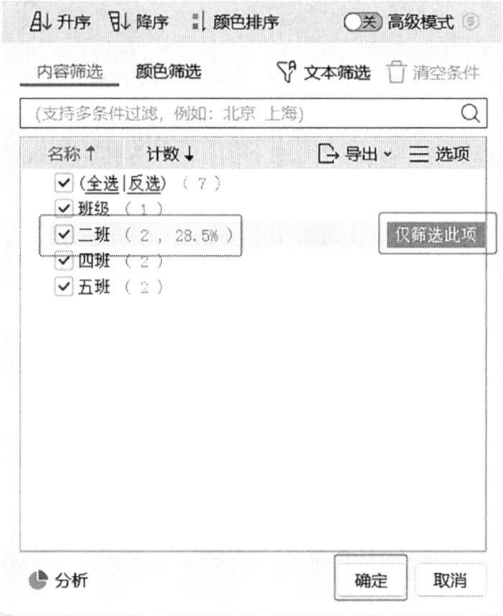

图 5-126　筛选选项卡

这时观察工作表发现班级只剩下二班，说明筛选成功，结果如图 5-127 所示。

	A	B	C	D	E	F	G	H
1	高一年级考试成绩表							
2	学号	姓名	性别	班级	语文	数学	英语	总分
3	20190244	陈晓	男	二班	72	84	74.5	230.5
5	20190245	陈俊杰	男	二班	64	98	75	237

图 5-127　筛选结果

表里的其他数据并不是被删掉了，而是因为不符合条件而被隐藏起来了。重新单击“班级”列的下拉按钮，勾选“全选”或者其他数据的复选框，再单击确定按钮，隐藏的数据就会出现了。

2. 自定义筛选

当筛选条件比较繁杂时，就需要用到“自定义筛选”功能。以图 5-128 为例，要求筛选出总分在 250 分以上（含 250 分）的同学。

操作步骤如下：

①单击工作表中的任一单元格，然后单击“数据”选项卡中的“筛选”按钮，此时标题行的每一列都出现了下拉按钮。然后单击“总分”单元格的下拉按钮，在弹出的下拉列表框中单击“数字筛选”→单击“大于或等于”选项；或者单击“自定义筛选”，如图 5-129 所示。

	A	B	C	D	E	F	G	H
1	高一年级考试成绩表							
2	学号	姓名	性别	班级	语文	数学	英语	总分
3	20190244	陈晓	男	二班	72	84	74.5	230.5
4	20190438	兰羽	男	四班	97	85	72	254
5	20190245	陈俊杰	男	二班	64	98	75	237
6	20190537	周婧	女	五班	76.5	61	88	225.5
7	20190439	陈雨卓	女	四班	78	96	74	248
8	20190538	周明杰	女	五班	74	82	70	226
9	20190636	杨瑞	男	六班	88.5	90	81	259.5
10	20190440	武必旭	男	四班	91.5	75	67.5	234
11	20190344	赵宇	男	三班	76	92	95	263
12	20190637	高佳芙	女	六班	71.5	90	86	247.5
13	20190246	李家琪	女	二班	94	95	81	270

图 5-128　筛选案例

图 5-129　自定义筛选

②在弹出的对话框中选择“大于或等于”选项，然后在右侧栏填入“250”，单击“确定”按钮即可完成自定义筛选，如图 5-130 所示。

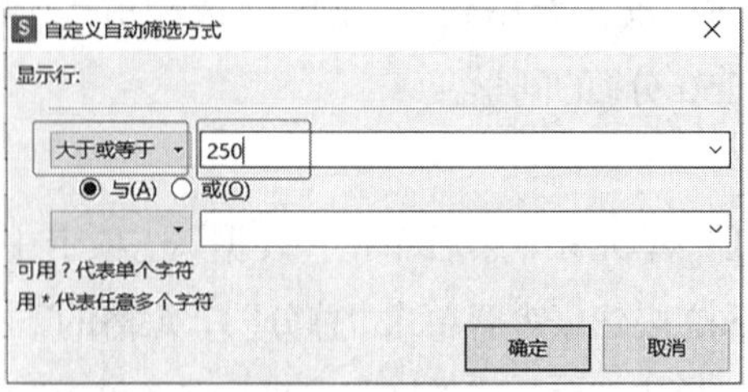

图 5-130　自定义筛选对话框

筛选结果如图 5-131 所示。

	A	B	C	D	E	F	G	H
1	高一年级考试成绩表							
4	20190438	兰羽	男	四班	97	85	72	254
9	20190636	杨瑞	男	六班	88.5	90	81	259.5
11	20190344	赵宇	男	三班	76	92	95	263
13	20190246	李家琪	女	二班	94	95	81	270

图 5-131　筛选结果

3. 取消筛选

方法 1：单击“数据”选项卡下的“全部显示”按钮，如图 5-132 所示。

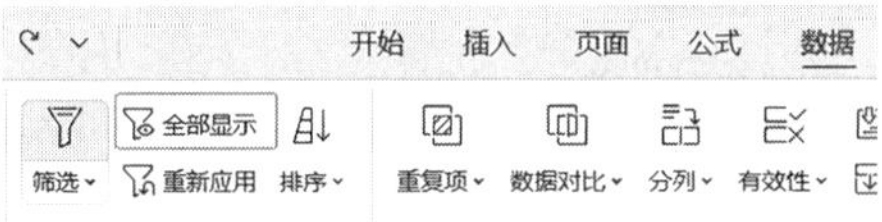

图 5-132　取消筛选

方法 2：再次单击“数据”选项卡下的“筛选”按钮。

三、分类汇总

分类汇总包括两种操作：一种是分类，即将相同数据分类集中放置；另一种是汇总，即对每个类别的指定数据进行计算，如求和、求平均值等。在分类汇总之前需要对相关数据进行排序。

以图 5-133 所示为例，表格数据已经排序完毕。现在要用分类汇总求出各班的平均分，具体要求为：分类字段为“班级”，汇总方式为“平均值”，汇总项分别为 7 门课程，并将汇总结果显示在数据下方。

初二年级第一学期期末成绩单												
学号	序号	姓名	班级	语文	数学	英语	生物	地理	历史	政治	总分	平均分
C120101	2	曾令全	1班	97.50	106.00	108.00	98.00	99.00	99.00	96.00	703.50	100.50
C120102	16	谢如霞	1班	110.00	95.00	98.00	99.00	93.00	93.00	92.00	680.00	97.14
C120106	18	张桂枝	1班	90.00	111.00	116.00	72.00	95.00	93.00	95.00	672.00	96.00
C120104	4	杜海江	1班	102.00	116.00	113.00	78.00	88.00	86.00	73.00	656.00	93.71
C120103	12	齐飞	1班	95.00	85.00	99.00	98.00	92.00	92.00	88.00	649.00	92.71
C120105	13	苏解放	1班	88.00	98.00	101.00	89.00	73.00	95.00	91.00	635.00	90.71
C120205	15	王清晔	2班	103.50	105.00	105.00	93.00	93.00	90.00	86.00	675.50	96.50
C120201	10	王鹏翔	2班	93.50	107.00	96.00	100.00	93.00	92.00	93.00	674.50	96.36
C120206	7	李北溟	2班	100.50	103.00	104.00	88.00	89.00	78.00	90.00	652.50	93.21
C120204	9	刘健康	2班	95.50	92.00	96.00	84.00	95.00	91.00	92.00	645.50	92.21
C120202	14	孙毓敏	2班	86.00	107.00	89.00	88.00	92.00	88.00	89.00	639.00	91.29
C120203	3	陈近南	2班	93.00	99.00	92.00	86.00	86.00	73.00	92.00	621.00	88.71
C120304	11	倪冬生	3班	95.00	97.00	102.00	93.00	95.00	92.00	88.00	662.00	94.57
C120306	6	吉丽丽	3班	101.00	94.00	99.00	90.00	87.00	95.00	93.00	659.00	94.14
C120301	5	符祥	3班	99.00	98.00	101.00	95.00	91.00	95.00	78.00	657.00	93.86
C120305	1	江大伟	3班	91.50	89.00	94.00	92.00	91.00	86.00	86.00	629.50	89.93
C120303	17	闫朝花	3班	84.00	100.00	97.00	87.00	78.00	89.00	93.00	628.00	89.71
C120302	8	李娜	3班	78.00	95.00	94.00	82.00	90.00	93.00	84.00	616.00	88.00

图 5-133　分类汇总案例

操作步骤如下：

①单击工作表中的任一单元格→单击“数据”选项卡中的“分类汇总”按钮，弹出“分类汇总”对话框，如图 5-134、图 5-135 所示。

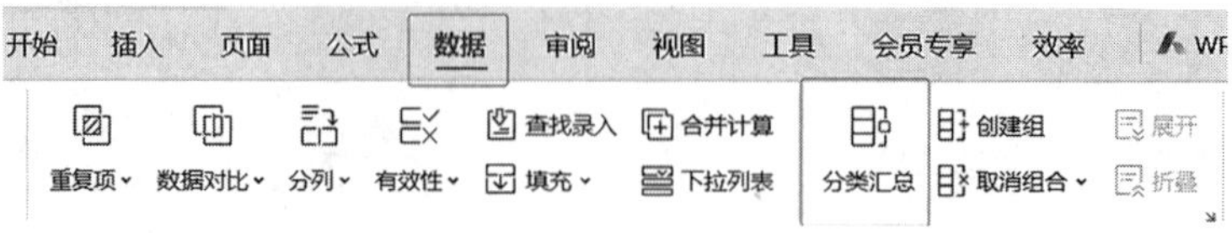

图 5-134　分类汇总

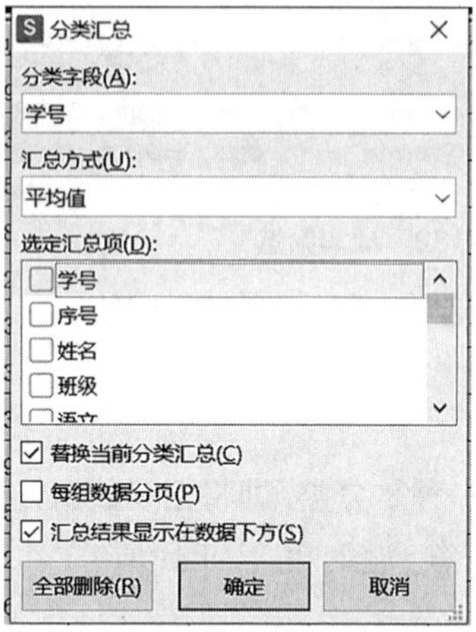

图 5-135　分类汇总对话框

②根据具体要求设置“分类汇总”对话框的选项。在“分类字段”下拉框中选择“班级”；在“汇总方式”下拉框中选择“平均值”；在“选定汇总项”下拉框中勾选语文、数学等 7 门课程，去掉其他的打钩，如图 5-136 所示。

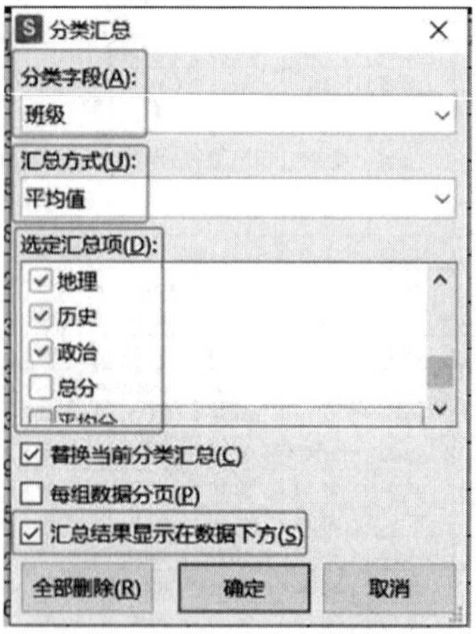

图 5-136　分类汇总对话框

分类汇总的结果如图 5–137 所示。

C120102	16	谢如霞	1班	110.00	95.00	98.00	99.00	93.00	93.00	92.00	680.00	97.14
C120106	18	张桂枝	1班	90.00	111.00	116.00	72.00	95.00	93.00	95.00	672.00	96.00
C120104	4	杜海江	1班	102.00	116.00	113.00	78.00	88.00	86.00	73.00	656.00	93.71
C120103	12	齐飞	1班	95.00	85.00	99.00	98.00	92.00	92.00	88.00	649.00	92.71
C120105	13	苏解放	1班	88.00	98.00	101.00	89.00	73.00	95.00	91.00	635.00	90.71
			1班 平均值	97.08	101.83	105.83	89.00	90.00	93.00	89.17		
C120205	15	王清晔	2班	103.50	105.00	105.00	93.00	93.00	90.00	86.00	675.50	96.50
C120201	10	王鹏翔	2班	93.50	107.00	96.00	100.00	93.00	92.00	93.00	674.50	96.36
C120206	7	李北溟	2班	100.50	103.00	104.00	88.00	89.00	78.00	90.00	652.50	93.21
C120204	9	刘健康	2班	95.50	92.00	96.00	84.00	95.00	91.00	92.00	645.50	92.21
C120202	14	孙毓敏	2班	86.00	107.00	89.00	88.00	92.00	88.00	89.00	639.00	91.29
C120203	3	陈近南	2班	93.00	99.00	92.00	86.00	86.00	73.00	92.00	621.00	88.71
			2班 平均值	95.33	102.17	97.00	89.83	91.33	85.33	90.33		
C120304	11	倪冬生	3班	95.00	97.00	102.00	93.00	95.00	92.00	88.00	662.00	94.57
C120306	6	吉丽丽	3班	101.00	94.00	99.00	90.00	87.00	95.00	93.00	659.00	94.14
C120301	5	符祥	3班	99.00	98.00	101.00	95.00	91.00	95.00	78.00	657.00	93.86
C120305	1	江大伟	3班	91.50	89.00	94.00	92.00	91.00	86.00	86.00	629.50	89.93
C120303	17	闫朝花	3班	84.00	100.00	97.00	87.00	78.00	89.00	93.00	628.00	89.71
C120302	8	李娜	3班	78.00	95.00	94.00	82.00	90.00	93.00	84.00	616.00	88.00
			3班 平均值	91.42	95.50	97.83	89.83	88.67	91.67	87.00		
			总平均值	94.61	99.83	100.22	89.56	90.00	90.00	88.83		

图 5–137　分类汇总结果

四、数据透视表

数据透视表是一种交互式图表，可以快速汇总和比较大量数据，也可以动态地改变它们的版面布局，以不同方式分析数据。

例如，要使用图 5–138 所示的工作表建立数据透视表，在数据透视表中统计各班级的数学平均分，放置数据透视表的位置为“数学成绩统计”工作表的 A1 单元，行标题信息为“数学平均分”。

	A	B	C	D	E	F	G	H	I	J	K
1	**高一年级考试成绩表**										
2	学号	姓名	性别	班级	语文	数学	英语	生物	地理	总分	平均分
3	20190244	陈晓	男	二班	72	84	74.5	72.5	73	376	75.20
4	20190438	兰羽	男	四班	97	85	72	90	76	420	84.00
5	20190245	陈俊杰	男	二班	64	98	75	78	60	375	75.00
6	20190537	周婧	女	五班	76.5	61	88	86	90	401.5	80.30
7	20190439	陈雨卓	女	四班	78	96	74	72	71	391	78.20
8	20190538	周明杰	女	五班	74	82	70	68	71	365	73.00
9	20190636	杨瑞	男	六班	88.5	90	81	70	82	411.5	82.30
10	20190440	武必旭	男	四班	91.5	75	67.5	75	90	399	79.80
11	20190344	赵宇	男	三班	76	92	95	93	67	423	84.60
12	20190637	高佳芙	女	六班	71.5	90	86	84	84.5	416	83.20
13	20190246	李家琪	女	二班	94	95	81	79	86	435	87.00

图 5–138　数据透视表案例

操作步骤如下;

①单击工作表中的任一单元格→单击“插入”选项卡中的“数据透视表”按钮，弹出“数据透视表”对话框，如图 5–139 所示。

图 5–139　数据透视表

②单击“请选择单元格区域”，并选中作为数据源的单元格区域 A2:K13，在“请选择放置数据透视表的位置”组中选择“新工作表”单选按钮（如果要将数据透视表放置在当前编辑的工作表中，则选择“现有工作表”单选按钮，并指定好单元格位置），单击“确定”按钮创建数据透视表，如图 5–140 所示。

③单击确定后右侧会出现“数据透视表”的设置窗。从数据透视表的“字段列表”组中，拖动“班级”字段到“列”列表框。拖动“数学”字段到“值”列表框中。在“值”列表框中，单击“数学”字段右侧的下拉按钮，在弹出的菜单中选择“值字段设置”选项，如图 5–141、图 5–142 所示。

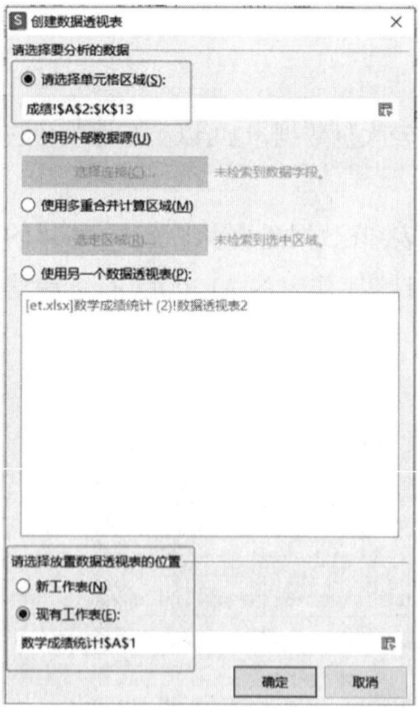

图 5–140　数据透视表对话框

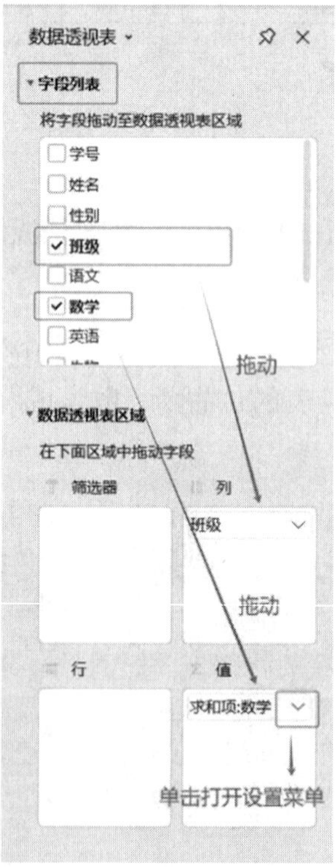

图 5–141　数据透视表对话框

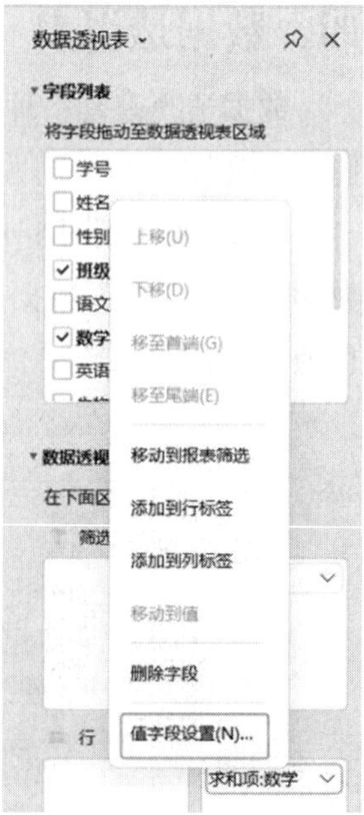

图 5–142　值字段设置选项

④在“值字段设置”对话框中，在“自定义名称”的输入框中输入数学平均分，在“值字段”汇总方式下拉框中选择“平均值”。如果需要设置小数位数等单元格格式，可以

通过单击“数字格式”按钮打开“单元格格式”对话框进行设置，最后单击“确定”按钮，如图 5–143 所示。

图 5–143　值字段设置对话框

最终效果如图 5–144 所示。

	班级						
	二班	六班	三班	四班	五班	一班	年级平均
数学平均分	85.98	75.88	73.97	88.22	72.79	75.60	78.76

图 5–144　数据透视表效果

任务六　页面设置

一、页面设置

单击“页面”选项卡中的“页面设置”对话框按钮，弹出“页面设置”对话框，如图 5–145 所示。

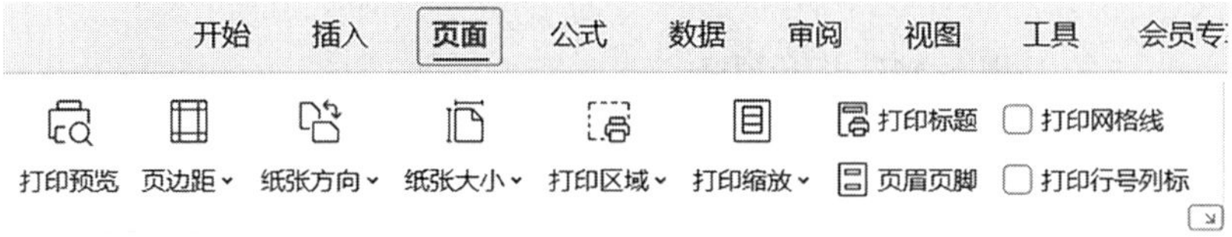

图 5–145　“页面设置”对话框

对话框包括“页面”“页边距”“页面 / 页脚”“工作表”选项卡，如图 5–146 所示。

●“页面”设置：设置页面的方向、缩放比例、纸张大小、打印质量、使用的打印机等。

●“页边距”设置：设置上下左右中正文内容与页面边缘的距离，以及正文内容的居中方式。

●“页面 / 页脚”设置：设置页面页脚、奇偶页不同等。

●“工作表”设置：设置打印区域、打印标题等。

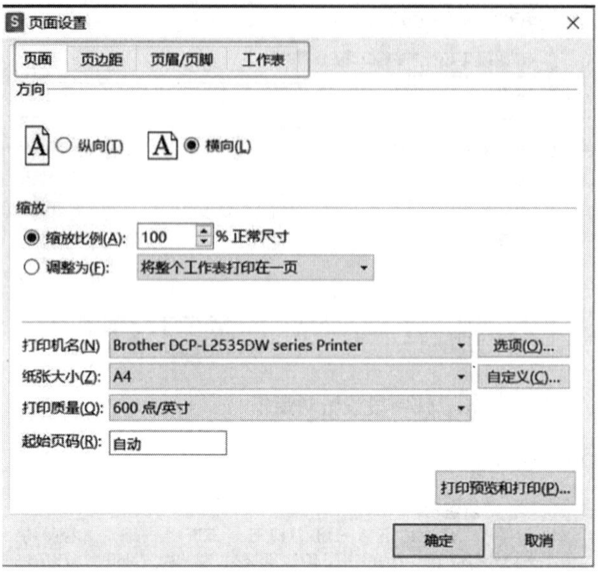

图 5-146　页面设置对话框

二、打印预览

“打印预览”提供了预览打印效果的功能，能够帮助用户检查打印效果。单击“页面”选项卡功能区中的“打印预览”按钮即可打开“打印预览”视图，如图 5-147 所示。

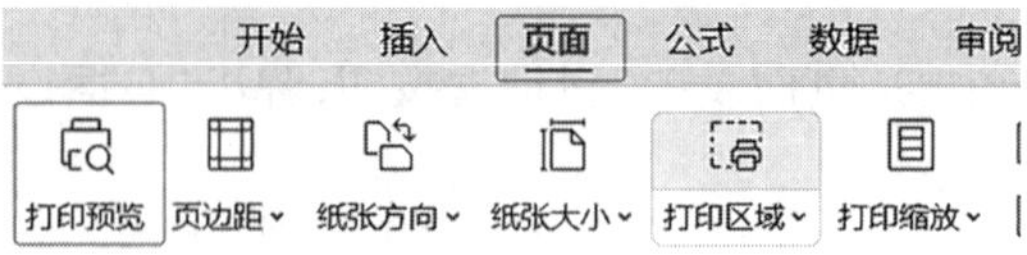

图 5-147　打印预览

三、打印设置

单击“文件”→“打印”按钮，弹出“打印”对话框，如图 5-148 所示，根据需要进行设置即可。

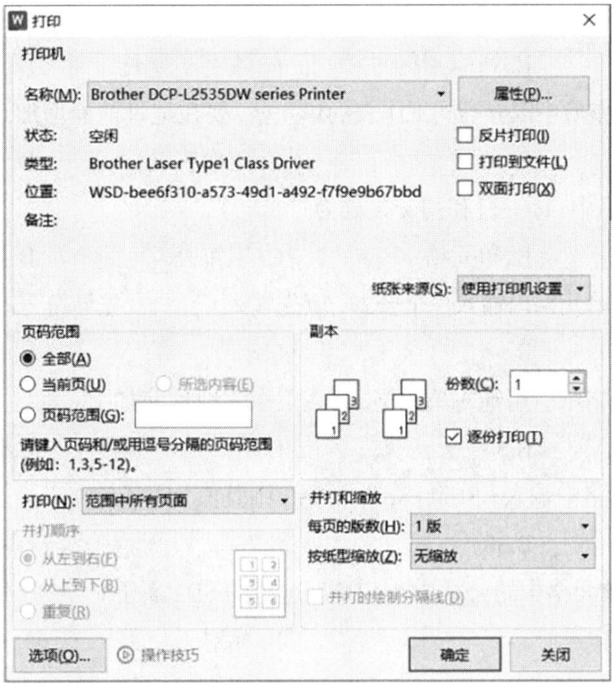

图 5-148　打印设置

项目习题

1. 在 WPS 表格中，每个单元格都有其固定的地址，如“A5”表示（　　）。

A.“A”表示“A”列，“5”表示第“5”行　　B.“A”表示“A”行，“5”表第“5”列

C.“A5”表示单元格的数据　　D. 以上都不是

2. 若在数值单元格中出现一连串的“###”符号，希望正常显示则需要（　　）。

A. 重新输入数据　　B. 调整单元格的宽度

C. 删除这些符号　　D. 删除该单元格

3. 当前工作表的第 7 行、第 4 列，其单元格地址为（　　）。

A.74　　B.D7　　C.E7　　D.G4

4. 下列正确表示工作表单元绝对地址的是（　　）。

A.C125　　B.$BB$59　　C.$DI36　　D.$F$E$7

5. 一个工作表各列数据均含标题，要对所有列数据进行排序，用户应选取的排序区域是（　　）。

A. 含标题的所有数据区　　B. 含标题的任一列数据

C. 不含标题的所有数据区　　D. 不含标题的任一列数据

6. 在 WPS 表格中，每个单元格都有唯一的编号叫地址，地址的使用方法是（　　）。

A. 字母 + 数字　B. 列标 + 行号　C. 数字 + 字母　D. 行号 + 列标

7. 在同一个工作簿中区分不同工作表的单元格，要在地址前面增加（　　）来标识。

A. 单元格地址　B. 公式　C. 工作表名称　D. 工作簿名称

8. 在 WPS 表格中，每一行和列交叉处为（　　）。

A. 表格　B. 单元格　C. 工作表　D. 工作簿

9. 准备在一个单元格内输入一个公式，应先输入（　　）先导符号。

A.$　B.>　C.<　D.=

10. 在 WPS 表格中引用绝对单元格，需在工作表地址前加上（　　）符号。

A.&　B.$　C.@　D.#

11. 在 A1 单元格中输入 =SUM（8，7，8，7），则其值为（　　）。

A.15　B.30　C.7　D.8

12. 如果某个单元格中的公式为 "=$D2"，这里的 $D2 属于（　　）引用。

A. 绝对　B. 相对

C. 列绝对、行相对的混合　D. 列相对、行绝对的混合

项目六

演示文稿软件

WPS Office PPT是WPS Office的一个组件之一，专门用于制作和编辑演示文稿内容。利用它可以制作出具有动画的文档效果，使文本、图片和图表等变得活泼，也可以很方便地向公众表达观点，演示成果及传达信息，达到宣传、交流和扩大影响的效果。

通过本项目的学习，应达到的目标如下：

掌握演示文稿的基本操作；

掌握演示文稿的修饰；

掌握复制和设置文字格式的方式；

掌握插入并编辑演示文稿内部对象、外部对象的方法；

掌握表格与图表、动作按钮和超链接的创建方法；

掌握演示文稿的放映与结束放映的方式。

任务一　幻灯片制作

一、开始选项卡

开始选项卡位于演示文稿界面的上方，演示文稿的基础操作都在其中，如图 6–1 所示。

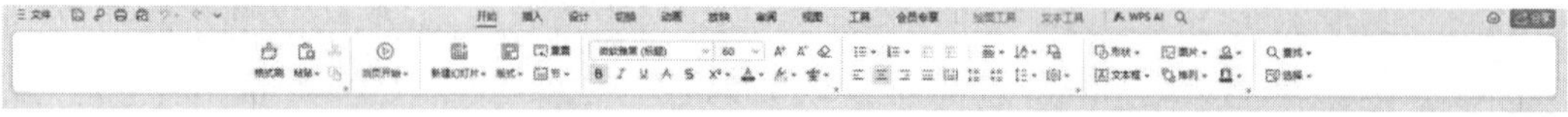

图 6–1　开始选项卡

1. 幻灯片的新建或插入

操作步骤：单击开始选项卡—> 幻灯片组—> 选择新建幻灯片，快捷键为“Ctrl+N”，如图 6–2 所示。

图 6–2　幻灯片的新建或插入

2. 版式设置

操作步骤：单击开始选项卡—> 幻灯片组—> 选择“版式”—> 选择所需类型，如图 6–3、图 6–4 所示。

图 6–3　版式设置

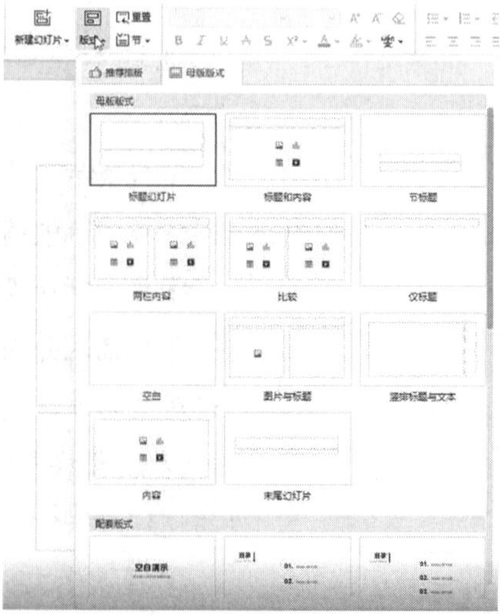

图 6–4　版式

3. 字体修改

操作步骤：单击开始选项卡—> 字体组（设置字体、字体大小、字体颜色、加粗和下划线等），如图 6-5、图 6-6 所示。

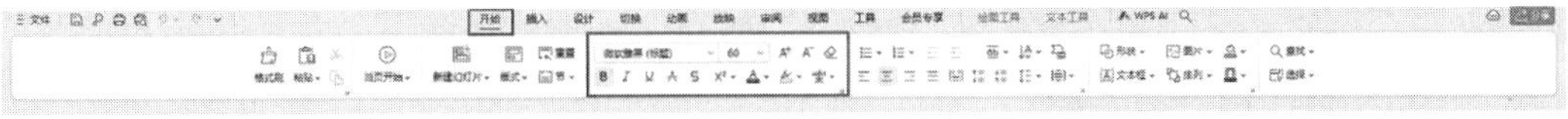

图 6-5 开始选项卡

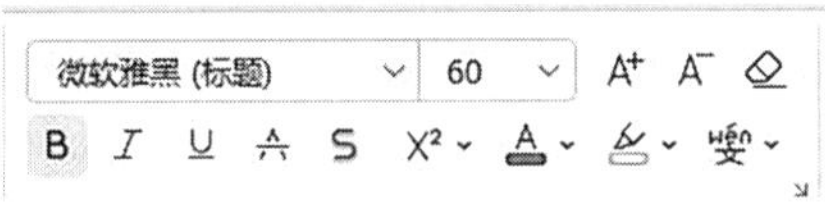

图 6-6 字体组

● 字体更改：在字体组里面可以修改文字的字体、字号；可以改变文字的外观，可以改变字体的大小。

● 内容重点：内容里有重点信息时可以将其加粗、倾斜和添加下划线等。

● 字体颜色：可以更改字体的颜色，内置的颜色有标准色、个性色之分；可以美化内容，标明重点等。

4. 段落设置

操作步骤：单击开始选项卡—> 段落组，如图 6-7、图 6-8 所示。

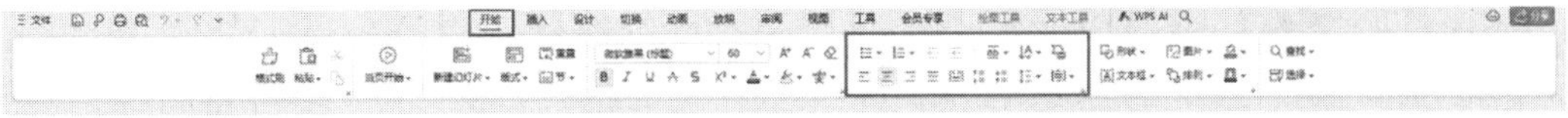

图 6-7 开始选项卡

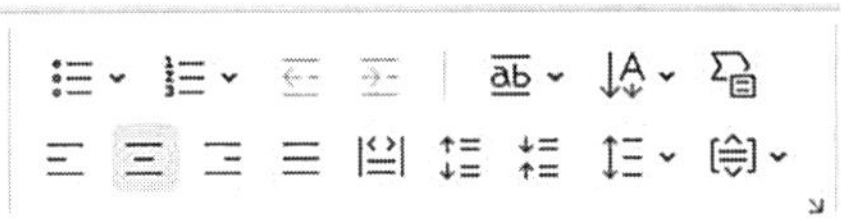

图 6-8 段落组

● 项目符号 / 项目编号：项目符号就是在文字前面增加符号或是数字编号，让整个 PPT 条理清晰，简洁易懂，有层次感。

● 文字方向：调整文字的方向，水平或是垂直方向等。

● 段落设置：适当的修改段落位置可以使文章整洁，分清主次。

● 段落行、间距：统一段落行、间距能使文章整齐规范，让演示文稿具有合理性。

【案例】

在第一张幻灯片之前插入一张版式为“标题幻灯片”的新幻灯片，依次输入主标题“北京古迹旅游简介”、副标题“北京市旅游发展委员会”。将最后一张幻灯片版式更改为

“空白”，并将其中的文字转换为艺术字，艺术字样式任选，艺术字字体设为黑体、字号为80（磅）。

【解题步骤】

①打开 ys.pptx 文件，在左侧的“幻灯片”窗格中，单击第一张幻灯片之前的空白位置，在“开始”功能区中，单击“新建幻灯片”按钮。选中新建的幻灯片，在“开始”功能区中，单击“版式”下拉按钮，在弹出的下拉列表中选择“标题幻灯片”版式。在主标题文本框中输入文字“北京古迹旅游简介”，在副标题文本框中输入文字“北京市旅游发展委员会”，如图 6-9、图 6-10 所示。

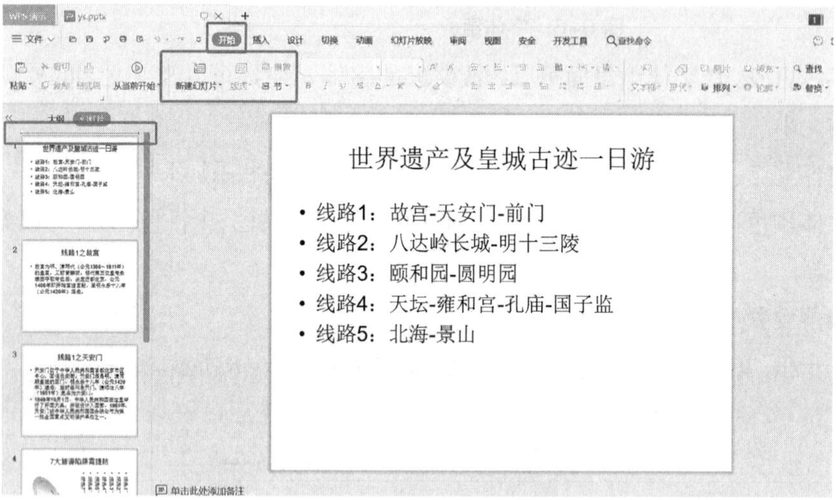

图 6-9　新建幻灯片

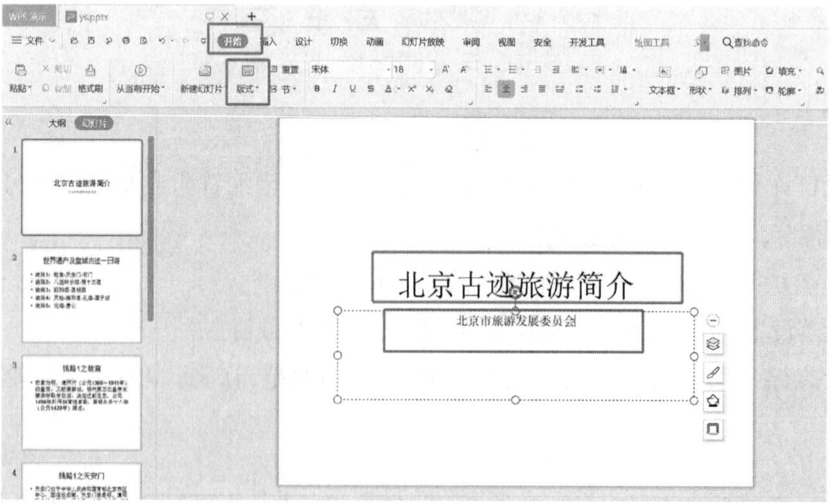

图 6-10　幻灯片版式

②选中最后一张幻灯片，在“开始”功能区中，单击“版式”下拉按钮，在弹出的下拉列表中选择“空白”版式，如图 6-11 所示。

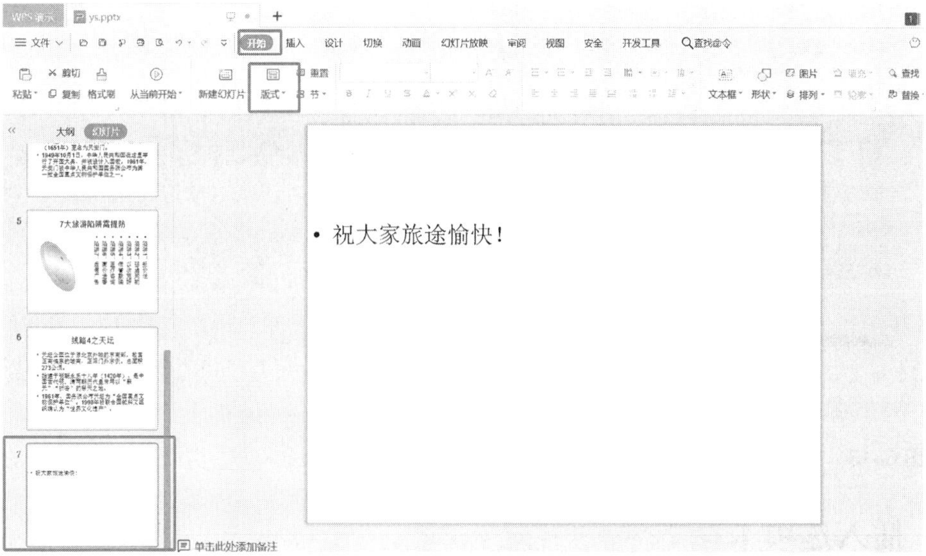

图 6-11　空白版式

③选中最后一张幻灯片中的文字内容，在“文本工具”功能区中，单击选择任意一种艺术样式（以“填充－中紫色，着色 2，轮廓－着色 2”为例）。在“开始”功能区中，设置“字体”为“黑体”，设置“字号”为“80”磅，如图 6-12、图 6-13 所示。

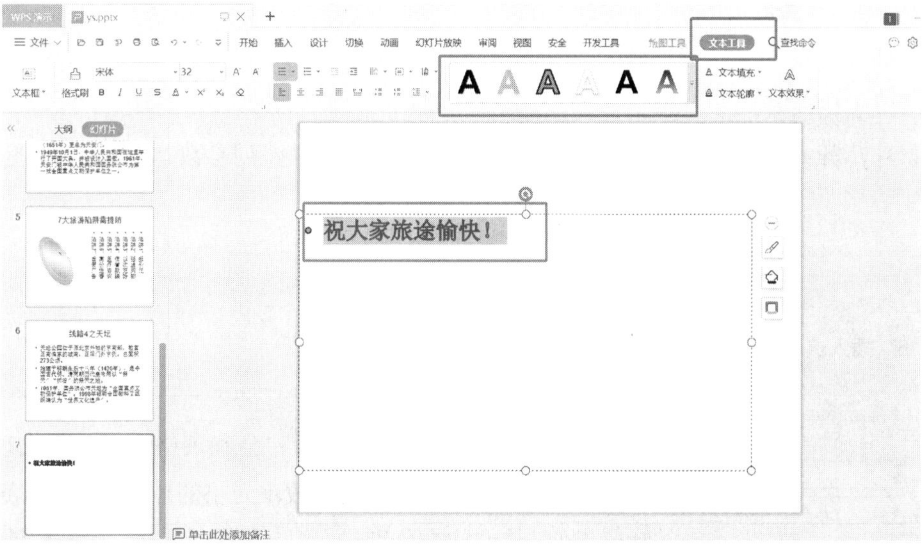

图 6-12　文本工具

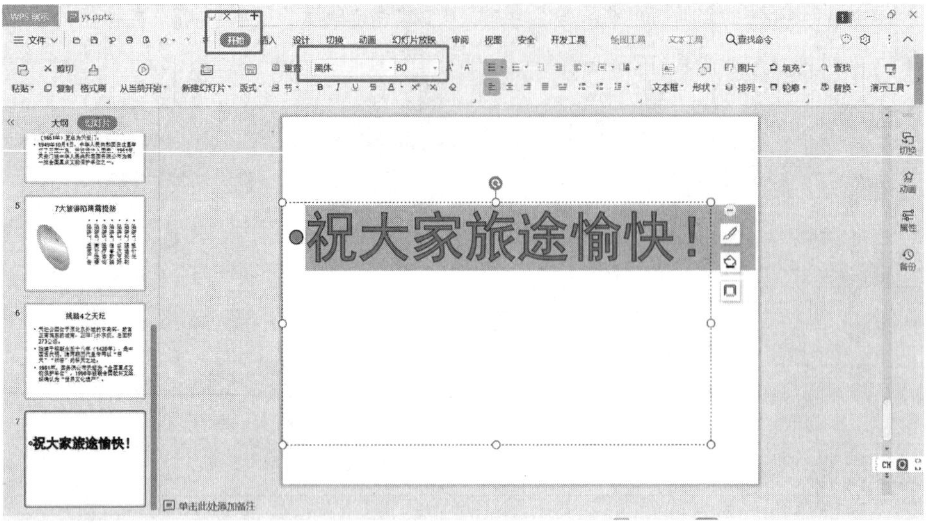

图 6–13　字体设置

二、插入选项卡

操作步骤：插入选项卡位于开始选项卡旁边，它可以向幻灯片中插入各种素材，包括文字、图形、声音、视频等，如图 6–14 所示。

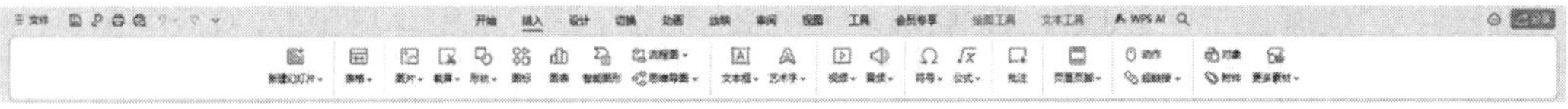

图 6–14　插入选项卡

1. 插入表格

（1）表格插入

操作步骤：插入选项卡—> 表格—> 插入表格—> 输入行、列参数，如图 6–15、图 6–16 所示。

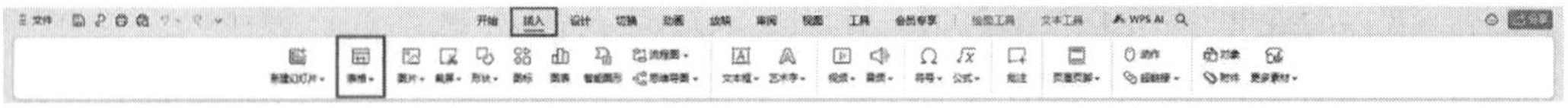

图 6–15　插入选项卡

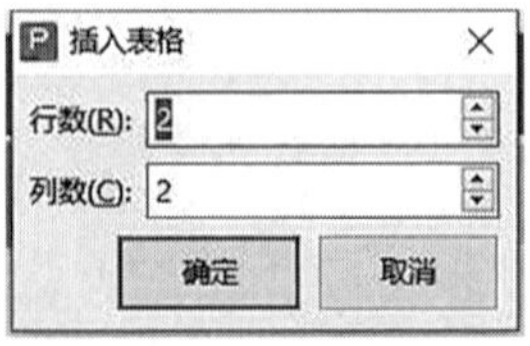

图 6–16　插入表格

（2）表格工具

表格工具只有在插入表格后才会和表格样式一起出现，它位于选项卡最右边，主要用于修改单元格的样式，与电子表格内的功能类似。从左往右分别是：删除和插入表格、表格内容修改、段落设置、单元格边距、合并拆分、行高列宽和表格位置等，如图 6–17 所示。

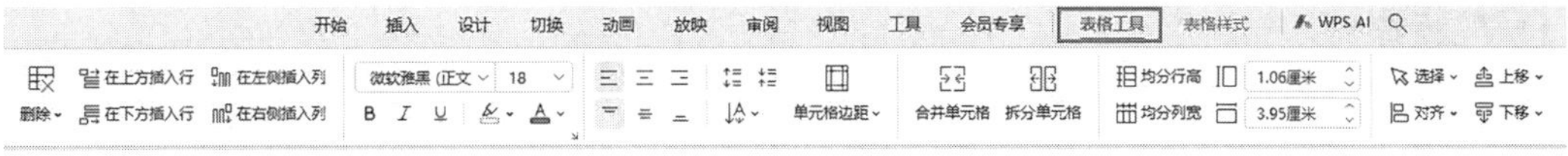

图 6–17　表格工具

● 删除和插入表格：表格的删除和插入，行或列的插入。

● 字体设置：在字体组里可以修改表格内文字的字体、字号；字体可以改变文字的外观，字号可以改变字体的大小。

● 段落设置：在内容中，适当地修改段落位置可以使文章整洁，分清主次。

● 单元格边距：设置表格单元格的左右上下边距。

● 合并拆分：合并单元格、拆分单元格。

● 行高列宽：调整表格的行高和列宽。

● 对齐：左右对齐、水平居中、垂直居中等表格对齐方式。

（3）表格样式

表格样式只有在插入表格后才会和表格工具一起出现，主要用于修饰表格。从左往右分别是：单元格填充、表格样式、边框样式、清除样式、艺术字等，如图 6–18 所示。

图 6–18　表格样式

● 表格样式：包括很多内置的表格样式，可以修饰表格。

● 填充：可对单元格进行各种填充，包括纯色填充、渐变填充、图案填充、纹理填充等。

● 效果：设置阴影、倒影、发光等特殊效果。

● 边框：设置单元格边框线条类型、大小和颜色等。

● 清除样式：清除设置的样式。

● 艺术字：设置表格内字体为艺术字。

【案例】

在第四张幻灯片内容区插入 7 行 2 列表格，设置一个合适的表格样式，第 1 列列宽为“3 厘米”，第 2 列列宽为“26 厘米”。行第 1、2 列内容依次为“鱼名”和“功效”，参考文件夹中 sc.docx 文档的内容，按鲫鱼、带鱼、青鱼、鲤鱼、鱼、泥鳅的顺序从上到下将适当内容填入表格其余 6 行，并将表格文字全部设置为水平及垂直居中对齐。

【解题步骤】

①选中第 4 张幻灯片，单击“插入”选项卡→“表格”下拉按钮，选中“插入表格”命令，弹出“插入表格”对话框，“行数”设置为“7”，“列数”设置为“2”，如图 6-19 所示，单击“确定”按钮。

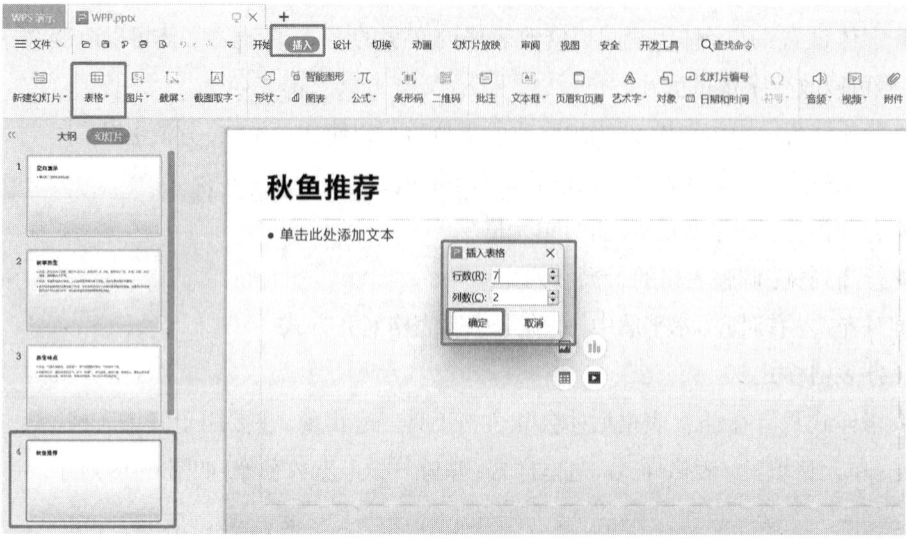

图 6-19　插入表格

②选中表格，在“表格样式”选项卡中，设置“样式”为“中色系 – 中度样式 2– 强调 1”，如图 6-20 所示。

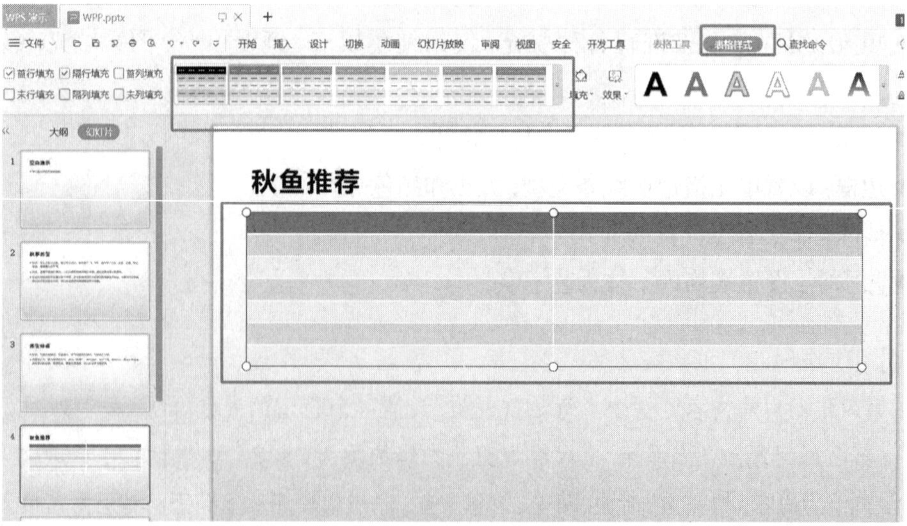

图 6-20　设置样式

③选中表格第 1 列，在“表格工具”选项卡中，设置“宽度”为“3 厘米”；同样方法设置表

格第 2 列“宽度”为“26 厘米”，如图 6-21 所示。

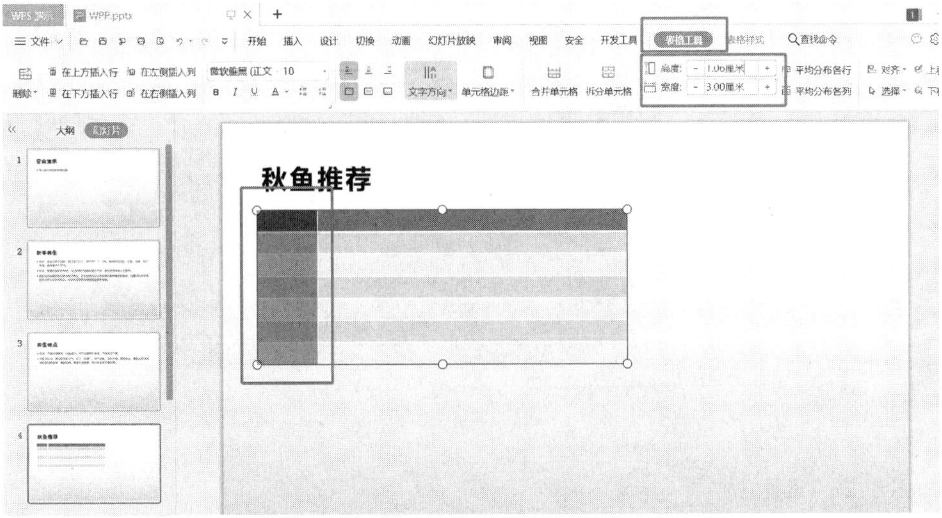

图 6-21　设置表格列宽

④在表格第 1 行第 1、2 列内容依次输入“鱼名”和“功效”。参考文件夹下 sc.docx 文档的内容，将文档中的内容按照“鲫鱼”“带鱼”“青鱼”“鲤鱼”“草鱼”“泥鳅”的顺序从上到下依次复制到表格其余 6 行，如图 6-22 所示。

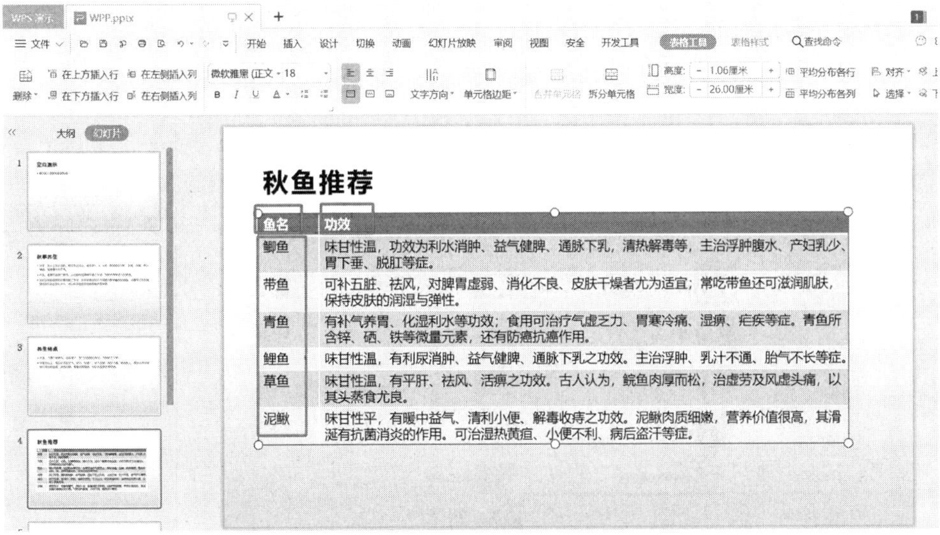

图 6-22　输入表格内容

⑤选中表格中的文字，在“表格工具”选项卡中，单击“居中对齐”和“水平居中”按钮，如图 6-23 所示。

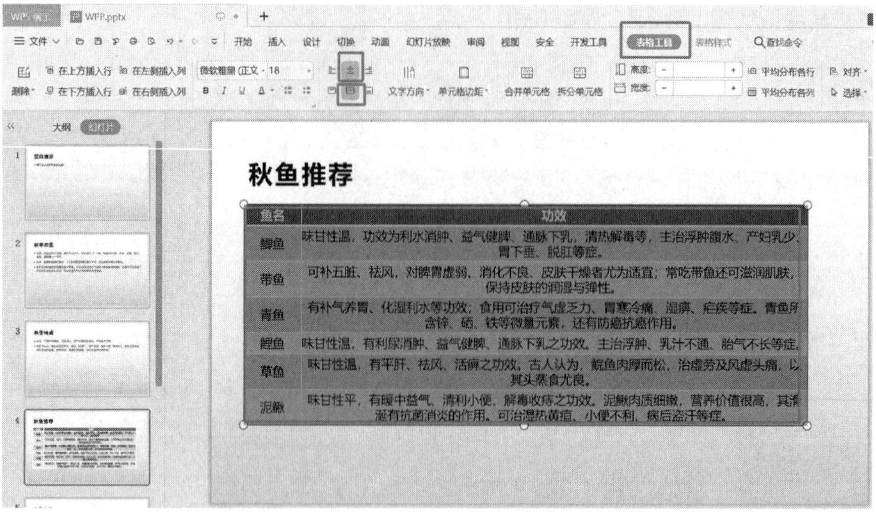

图 6–23　设置完成

2. 插入图片

（1）插入图片

操作步骤：“插入”选项卡—> 选择“图片”—> 选择本地图片—> 在弹出插入图片对话框中选中要插入的图片—> 单击“打开”，如图 6–24、图 6–25 所示。

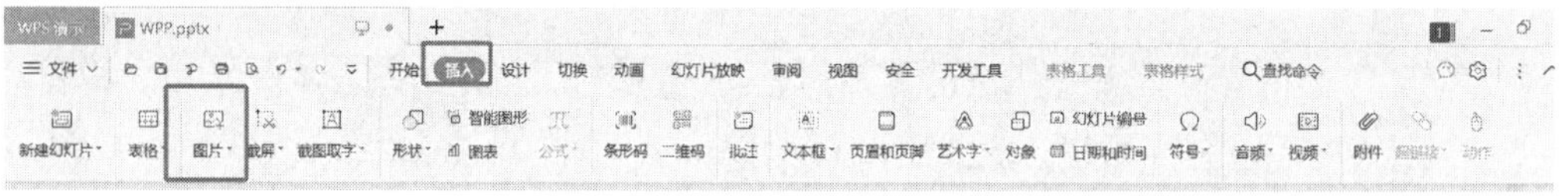

图 6–24　插入图片

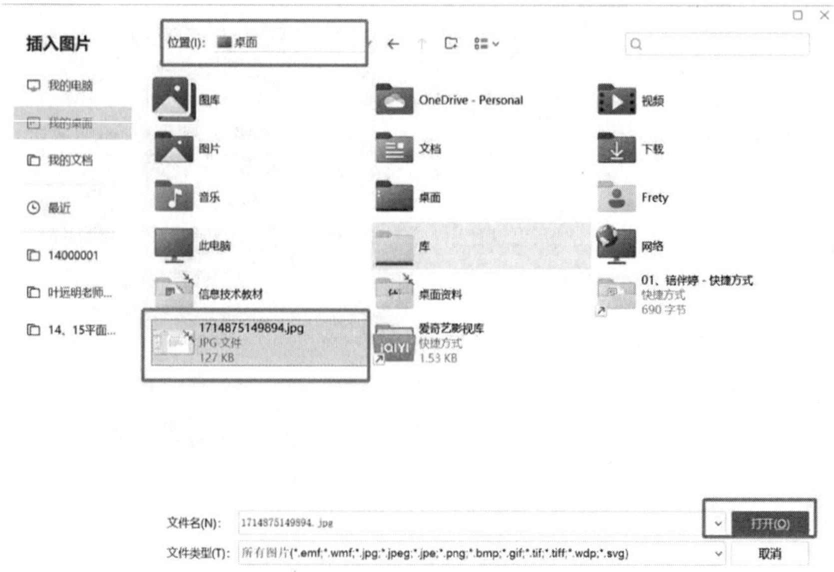

图 6–25　图片地址

(2) 图片工具

图片工具只有在插入图片后才会出现，它位于选项卡最右边，主要用于图片的相关设置。从左往右分别是：图片和形状的插入、裁剪和图片大小位置的设置、图片轮廓和图片效果（阴影、倒影、发光和三维旋转等）、组合和对齐方式等，如图 6–26 所示。

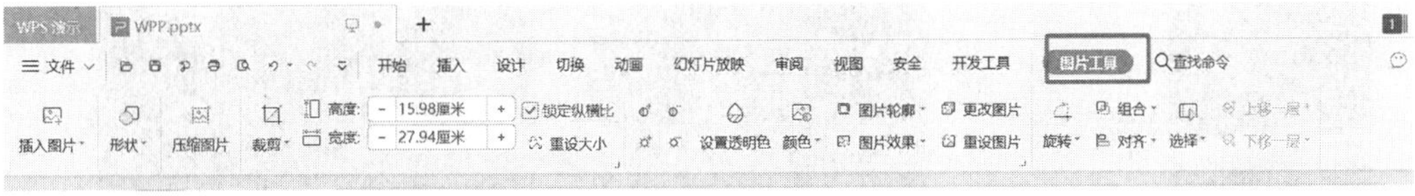

图 6–26 图片工具

- 插入图片：图片的插入。
- 形状：形状的插入。
- 压缩图片和裁剪：对图片进行压缩和裁剪。
- 高度和宽度：设置图片的大小、纵横比的锁定等。
- 图片轮廓：设置图片的边框颜色，如纯色填充、渐变填充、图案填充等。
- 图片效果：设置图片的特殊效果，如阴影、倒影、发光、柔化边缘、三维格式和三维旋转等。
- 组合：将多个图片组合成一个整体。
- 对齐：设置图片的对齐方式，如水平居中等。

【案例】

将第二张幻灯片的版式调整为“图片与标题”，标题为“西班牙队夺冠”；将文件夹下的图片文件“图片 1.png”插入左侧的内容区，图片大小设置为“高度 8 厘米”“宽度 10 厘米”，图片水平位置为“3 厘米”（相对于左上角）。

【解题步骤】

①选中第二张幻灯片，在“开始”功能区中，单击“版式”下拉按钮，在弹出的下拉列表中选择“图片与标题”版式，在标题文本框中输入“西班牙队夺冠”，如图 6–27 所示。

②在第二张幻灯片中，单击左侧文本框中“插入图片”按钮，弹出“插入图片”对话框，找到并选中考生文件夹下的“图片 1.png”，单击“打开”按钮，如图 6–28 所示。

③选中插入的图片，单击鼠标右键，在弹出的快捷菜单中选择“设置对象格式”，在右侧弹出“对象属性”窗格。在“大小与属性”选项卡中，单击“大小”将其展开，取消勾选“锁定纵横比”复选框，设置“高度”为“8 厘米”，“宽度”为“10 厘米”；再单击“位置”将其展开，设置“水平位置”为“3 厘米”，最后关闭窗格，如图 6–30、图 6–31 所示。

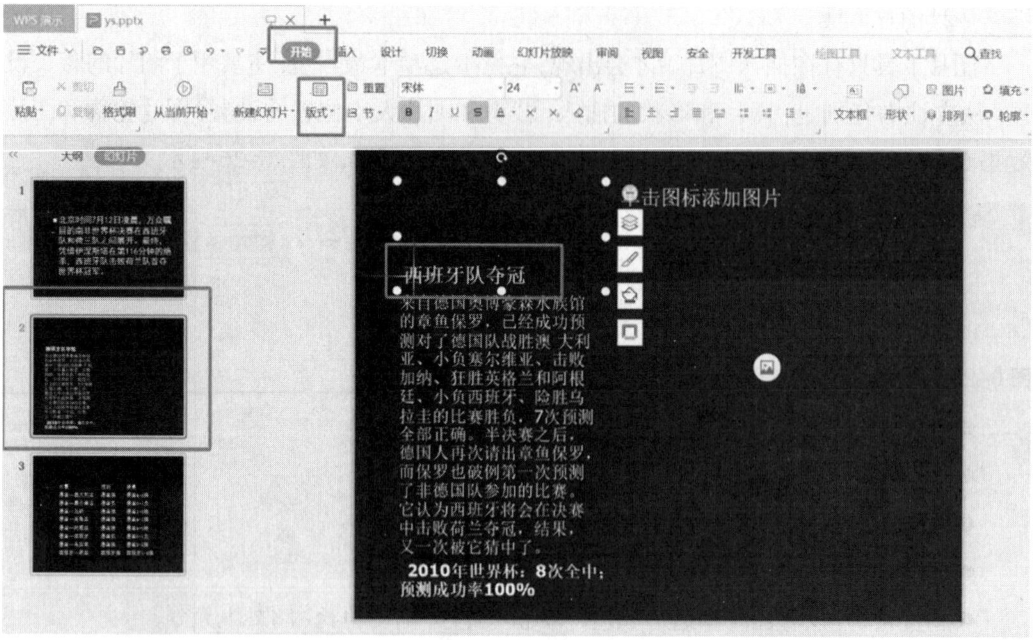

图 6-27　设置标题格式

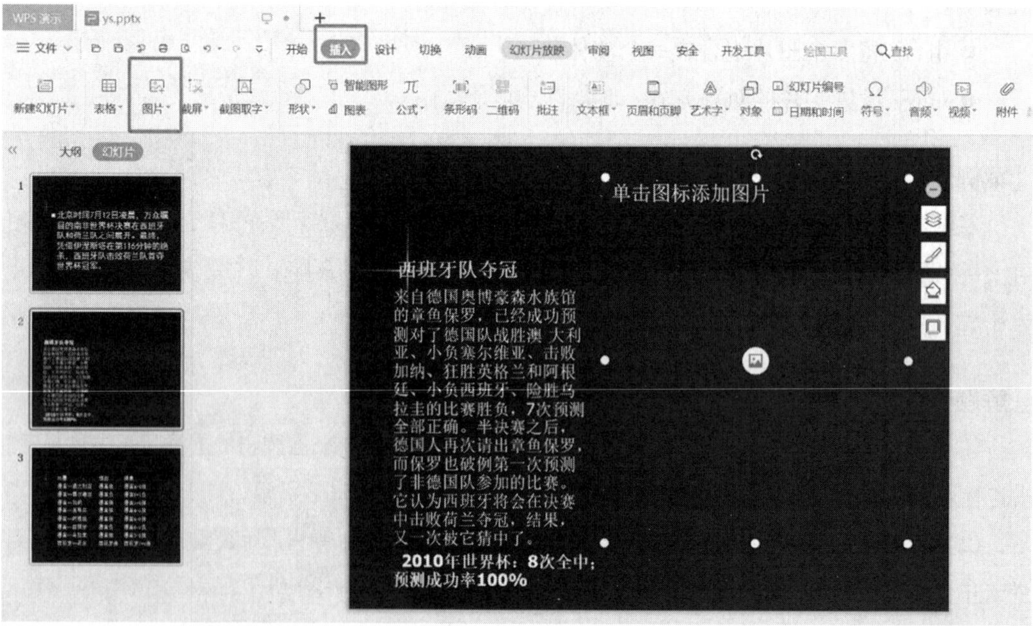

图 6-28　插入图片步骤 1

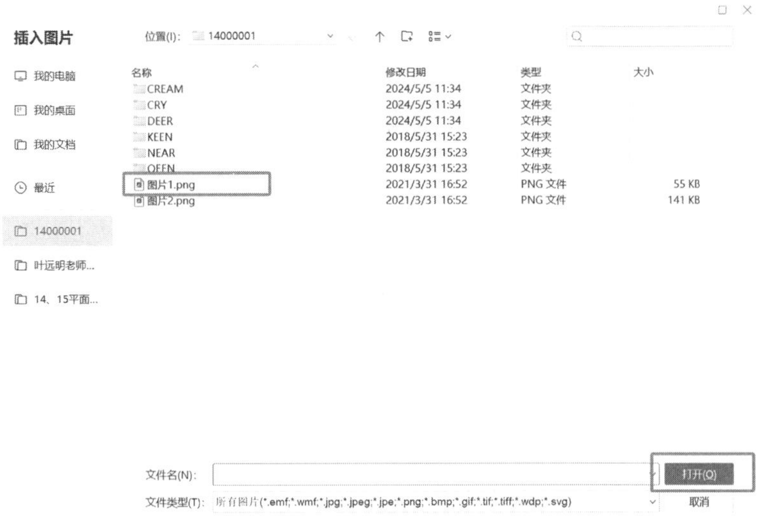

图 6-29　插入图片步骤 2

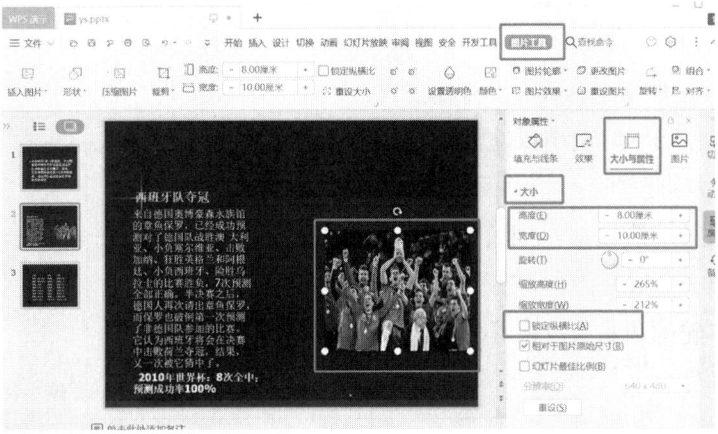

图 6-30　设置图片大小

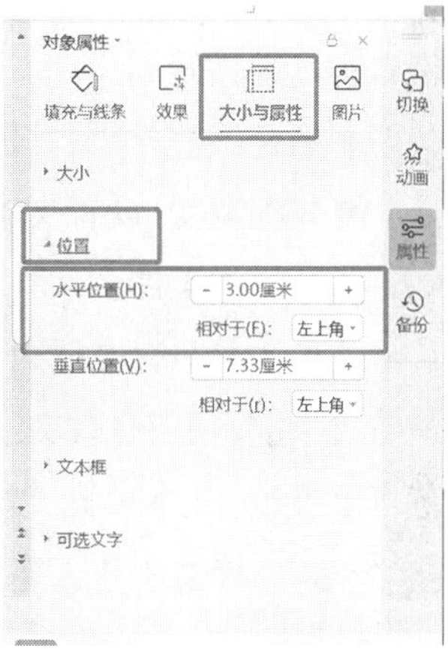

图 6-31　设置图片位置

3. 文本框

(1) 文本框插入

操作步骤："插入"选项卡—> 选择"文本框"—> 选择横向文本框或是竖向文本框，如图 6-32 所示。

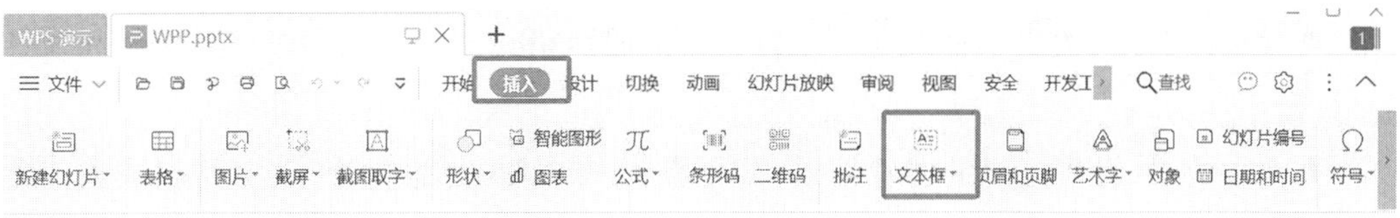

图 6-32　插入文本框

（2）绘图工具

绘图工具只有在插入“文本框”或是“形状”后才会和文本工具一起出现，位于选项卡最右边，主要用于修改文本框或是形状的样式。从左往右分别是：形状和文本框的插入、文本框轮廓和填充、形状效果、对齐方式、组合和文本框高度宽度等，如图 6–33 所示。

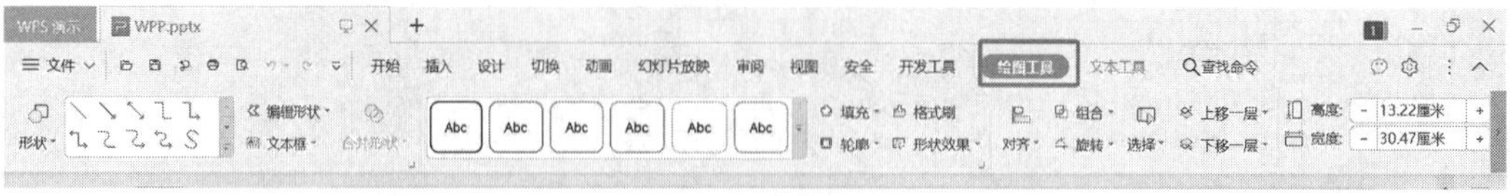

图 6–33　绘图工具

● 形状：插入形状。

● 文本框：插入文本框。

● 填充：文本框或是形状的填充，如纯色填充、渐变填充、图案填充等。

● 轮廓：设置文本框或是形状的轮廓颜色，如纯色填充、渐变填充、图案填充等。

● 形状效果：设置文本框或是形状的特殊效果，如阴影、倒影、发光、柔化边缘、三维格式和三维旋转等。

● 组合：将多个文本框或是形状组合成一个整体。

● 高度宽度：设置文本框、形状的大小和位置等。

（3）文本工具

文本工具只有在插入“文本框”或是“形状”后才会和绘图工具一起出现，位于选项卡最右边，主要用于修改文字样式。从左往右分别是：字体大小和颜色等的修改、段落设置、艺术字更改、文本填充、文本轮廓和文本效果等，如图 6–34 所示。

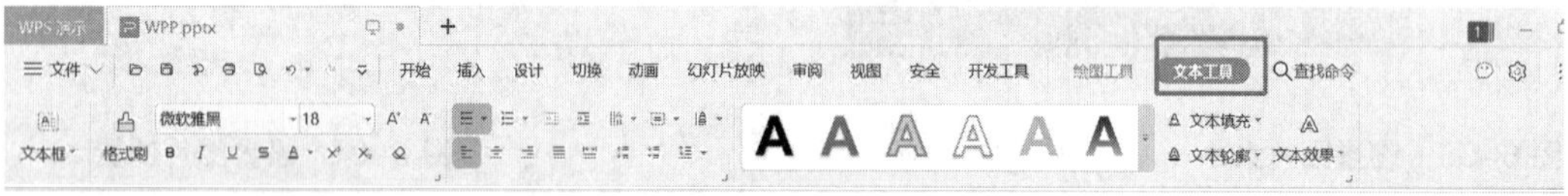

图 6–34　文本工具

● 文本框：插入文本框。

● 字体设置：修改文本框或是形状内文字的字体、字号；可以改变文字的外观；可以改变字体的大小。

● 段落设置：修改文本框或是形状内文字的段落格式，如对齐方式、项目编号和项目符号等。

● 文本效果：设置文字的特殊效果，如阴影、倒影、发光、柔化边缘、三维格式和三维旋转等。

● 文本填充：设置文字的填充，如纯色填充、渐变填充、图案填充等。

● 文本轮廓：设置文字的轮廓颜色，如纯色填充、渐变填充、图案填充等。

【案例】

将第二张幻灯片内容区文字设置为“24 磅”字，内容区文本框的高度和宽度分别设置为“11 厘米”和“30 厘米”，文本框的填充颜色为“巧克力黄，着色 1，浅色 40%”，形状效果为柔化边缘“25 磅”。

①选中第二张幻灯片中的内容文本框，在“开始”选项卡区中，设置“字号”为“24 磅”。

②切换至“绘图工具”选项卡，设置“高度”为“11 厘米”，“宽度”为“30 厘米”，单击“填充”下拉按钮，设置颜色为“巧克力黄，着色 1，浅色 40%”，单击“形状效果”下拉按钮，选择“柔化边缘 -25 磅”，如图 6-35 所示。

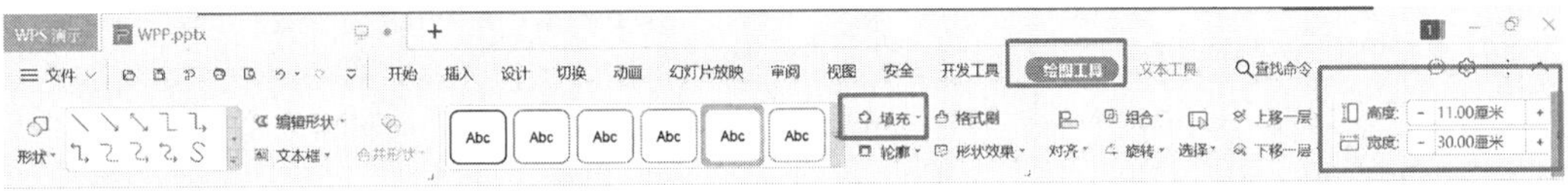

图 6-35　绘图工具

4. 插入形状

操作步骤：“插入”选项卡—> 单击“形状”—> 选择所需形状—> 当鼠标变成十字状时，按住鼠标左键不放，在幻灯片中画出相应形状，如图 6-36 所示。

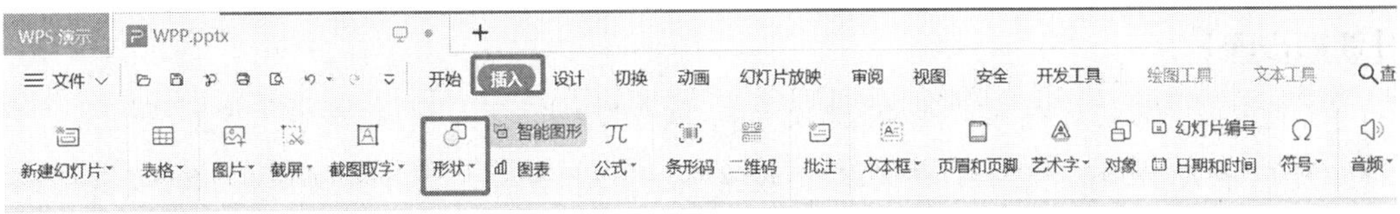

图 6-36　插入形状

5. 插入页眉页脚

操作步骤：“插入”选项卡—> 单击“页眉和页脚”—> 在弹出的页眉和页脚对话框中，设置页眉、页脚和幻灯片编码—> 单击“应用”或者“全部应用”，如图 6-37、图 6-38 所示。

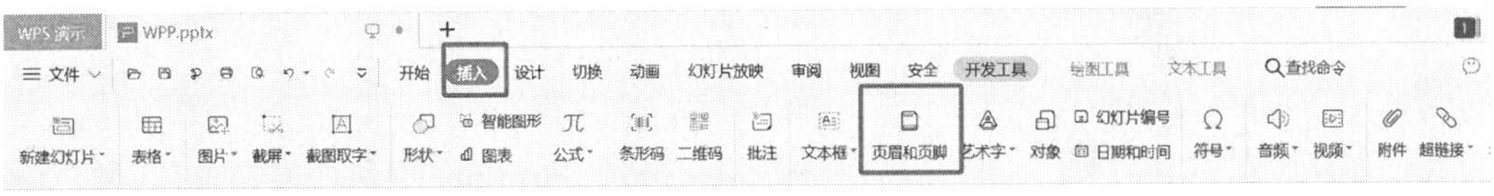

图 6-37　插入页眉页脚

6. 插入艺术字

操作步骤：“插入”选项卡—> 单击“艺术字”—> 选择相应的艺术字，如图 6-39 所示。

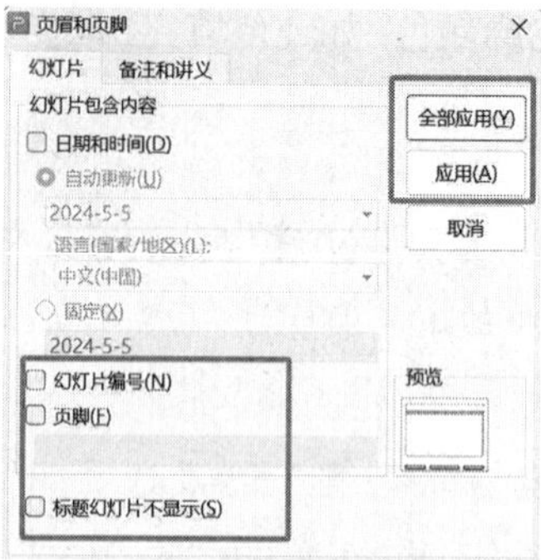

图 6-38　页眉页脚对话框

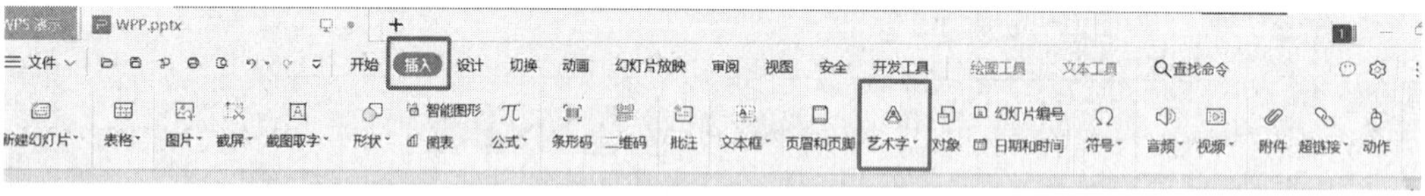

图 6-39　插入艺术字

【案例】

将第七张幻灯片版式为“空白”，插入预设样式为“填充－海洋绿，着色 5，轮廓－背景 1，清晰阴影－着色 5”的艺术字“祝身体安康”，艺术字形状效果设置为“阴影－透视－靠下”。

【解题步骤】

①选中第 7 张幻灯片，在“开始”选项卡中，单击“版式”下拉按钮，选择“空白”版式。

②在“插入”选项卡中，单击“艺术字”下拉选项，选择预设样式“填充－海洋绿，着色 5，轮廓－背景 1，清晰阴影，着色 5”，在插入的艺术字文本框中输入“祝身体安康”，如图 6-40 所示。

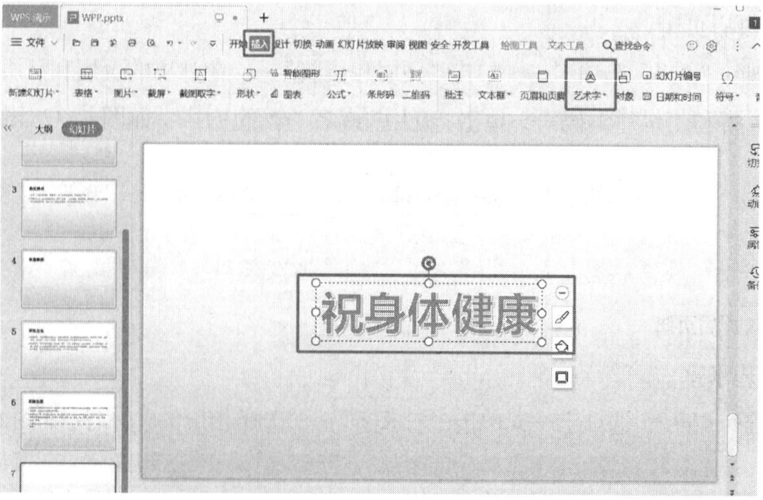

图 6-40　设置艺术字样式

③选中艺术字，在“绘图工具”选项卡中，单击“形状效果”下拉选项，选择“阴影 – 透视 – 靠下”，如图 6-41 所示。

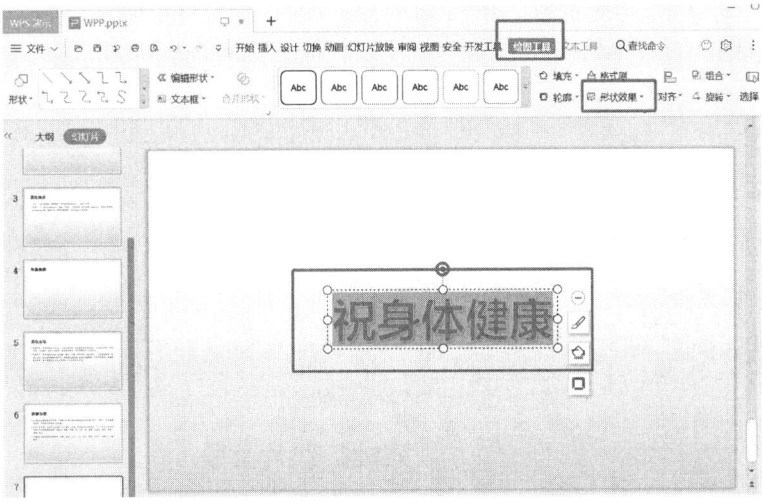

图 6-41　选择透视形式

7. 插入超链接

操作步骤：插入选项卡—> 单击超链接—> 选择“文件或网页”或者“本文档幻灯片页”—> 在弹出“插入超链接”对话框中，选择要链接的文件、图片或是位置等—> 单击“确定”按钮，如图 6-42、图 6-43 所示。

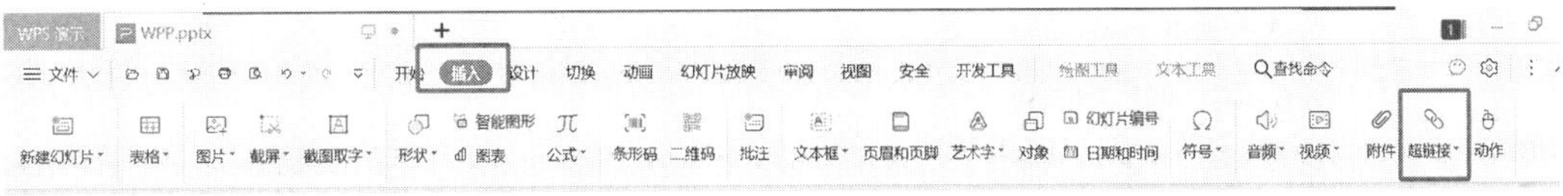

图 6-42　插入超链接

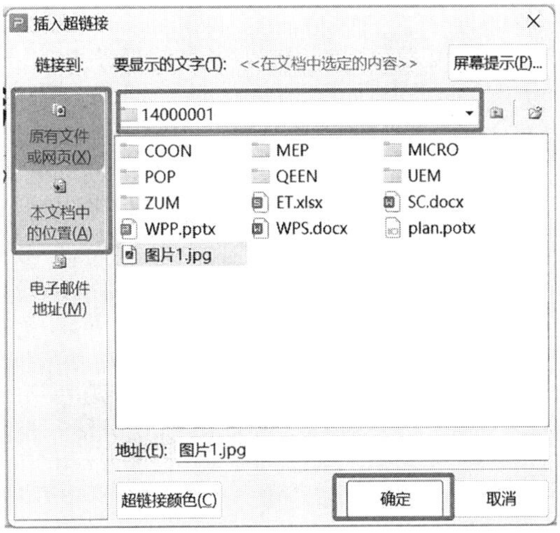

图 6-43　超链接对话框

【案例】

将第三张幻灯片中“知识点二　鸦片战争”下方的两行内容向右缩进一级，并设定样式为“①、②.”的编号；为其中的文字“《南京条约》的主要内容及影响”添加超链接，链接到第五张幻灯片。

【解题步骤】

①选中第三张幻灯片中“知识点二　鸦片战争”下面的两行内容，在“开始”功能区中，单击“增加缩进量”按钮，如图 6-44 所示。

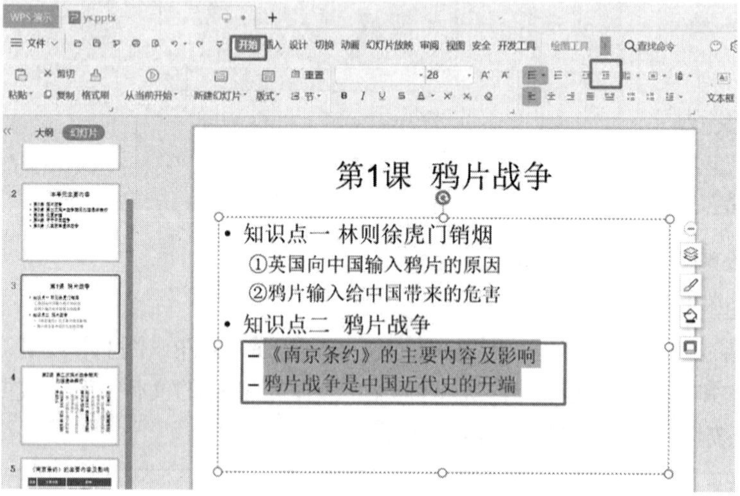

图 6-44　增加缩进量

②选中第三张幻灯片中“知识点二　鸦片战争”下面的两行内容，在“开始”功能区中，单击“编号”下拉按钮，在弹出的下拉列表中选择“①②③”样式的编号，如图 6-45 所示。

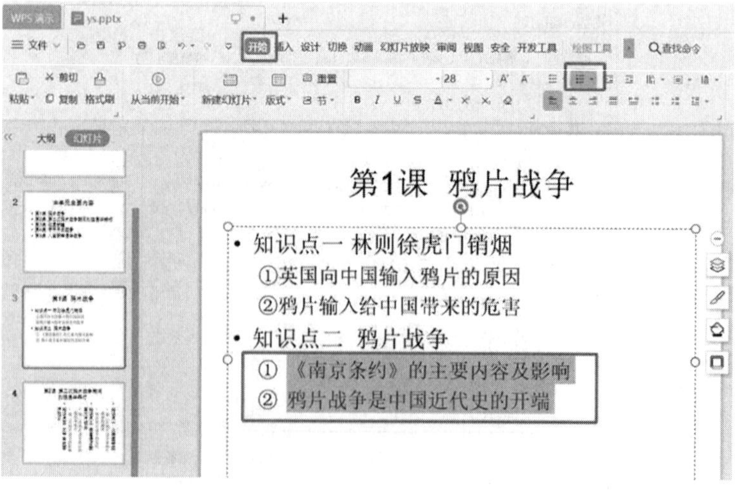

图 6-45　选择编号样式

③选中第二张幻灯片中的文字“《南京条约》的主要内容及影响”，单击鼠标右键，在弹出的快捷菜单中选择“超链接”命令，弹出“插入超链接”对话框，在“链接到”组中选择“本文档中的位置”，在“请选择文档中的位置”中选择第五张幻灯片“5.《南京条约》的主要内容及影响”，单击“确定”按钮。

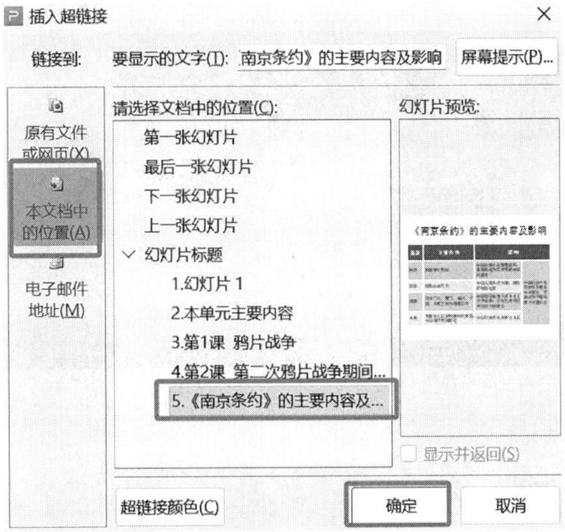

图 6-46 插入超链接

三、“设计”选项卡

“设计”选项卡位置在“插入”右边，可以简单快速地修改演示文稿的风格，也可以自己搭配合适的幻灯片风格；有助于吸引观众的注意力、保持兴趣并确保他们在整个演示过程中保持专注，如图 6-47 所示。

图 6-47 “设计”选项卡

1. 应用设计模板

操作步骤：“设计”选项卡—> 单击美化模板—> 选择“全文换肤”或“统一格式”来调整幻灯片（可通过右侧美化预览观察是否合适），如图 6-48 所示。

2. 背景设置

操作方式：“设计”选项卡—> 单击“背景”—> 选择“渐变填充”“内置背景图”或“背景填充”，如图 6-49 所示。

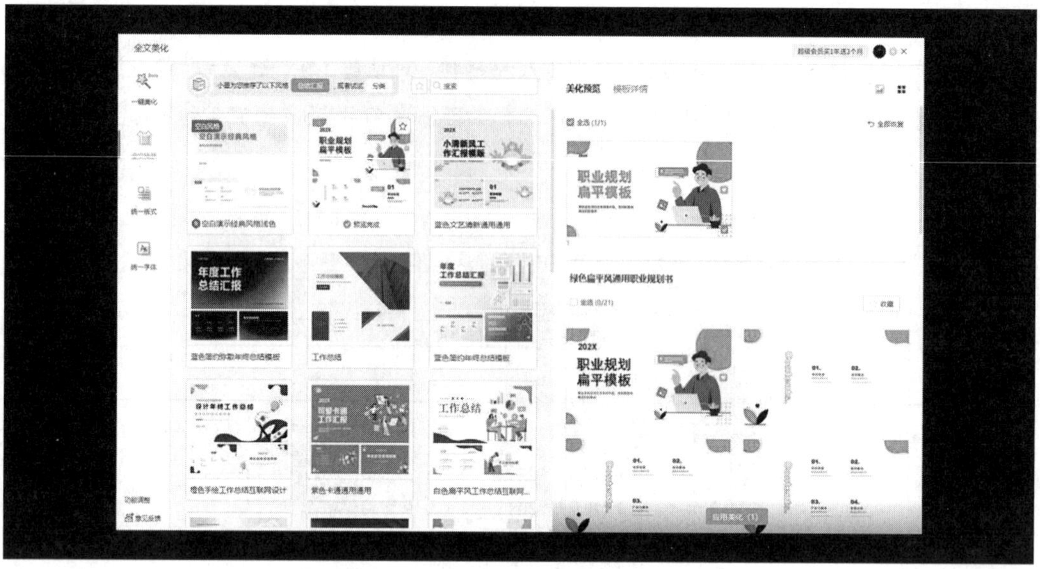

图 6-48　应用设计模板

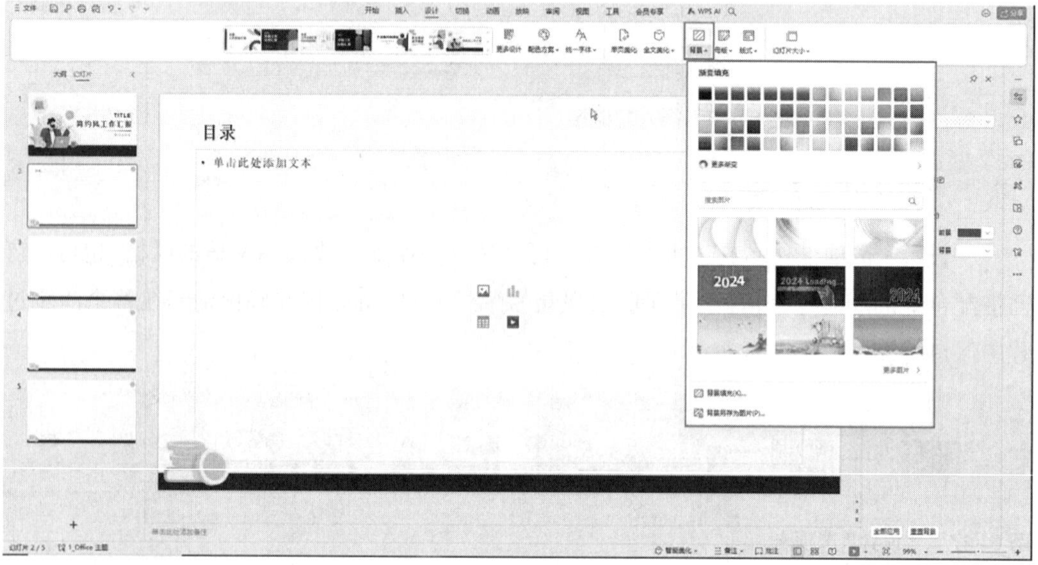

图 6-49　背景设置

● 纯色填充：对幻灯片背景进行纯色填充；

● 渐变填充：对幻灯片背景进行渐变色填充；

● 图片或纹理填充：选择图片或内置纹理进行背景色填充，可以对填充内容的透明度、模糊度进行调整；

● 图案填充：使用内置样式进行的单纯图案的背景填充，可以调整前景和背景的颜色。

具体操作如图 6-50、图 6-51 所示。

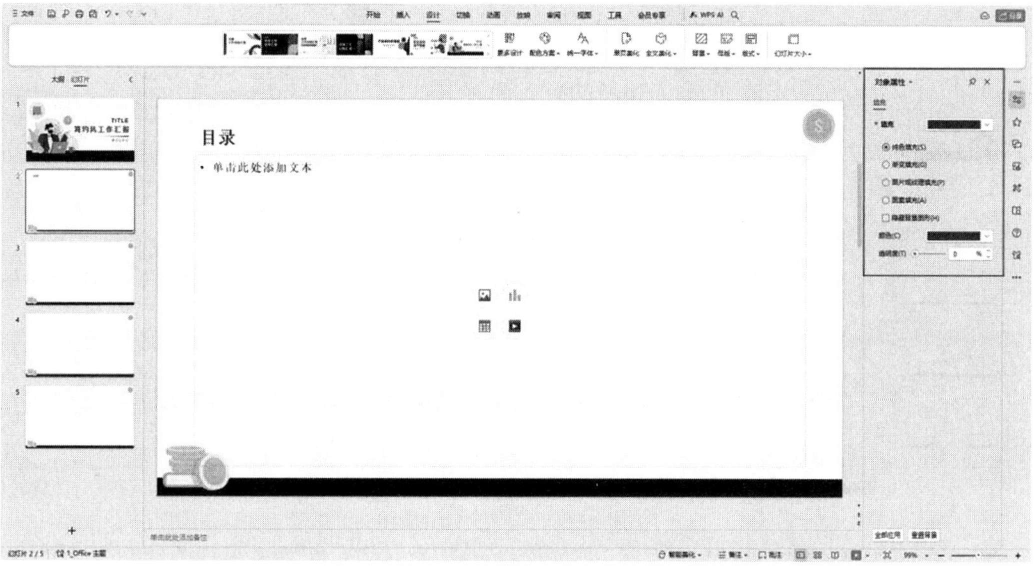

图 6–50　背景设置

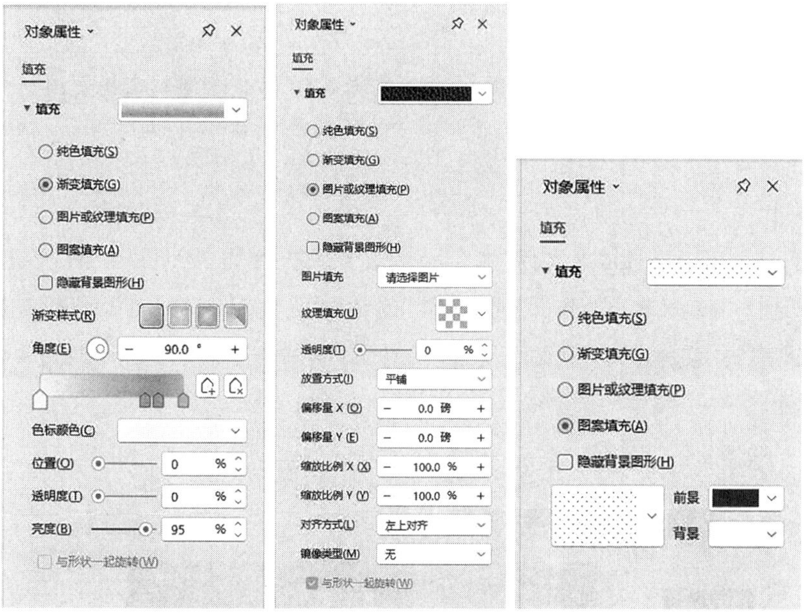

图 6–51　背景设置对话框

3. 幻灯片大小和页面设置

操作方式："设计"选项卡—> 单击"幻灯片大小"—> 选择"16 ∶ 9""4 ∶ 3"或"自定义大小"，如图 6–52 所示。

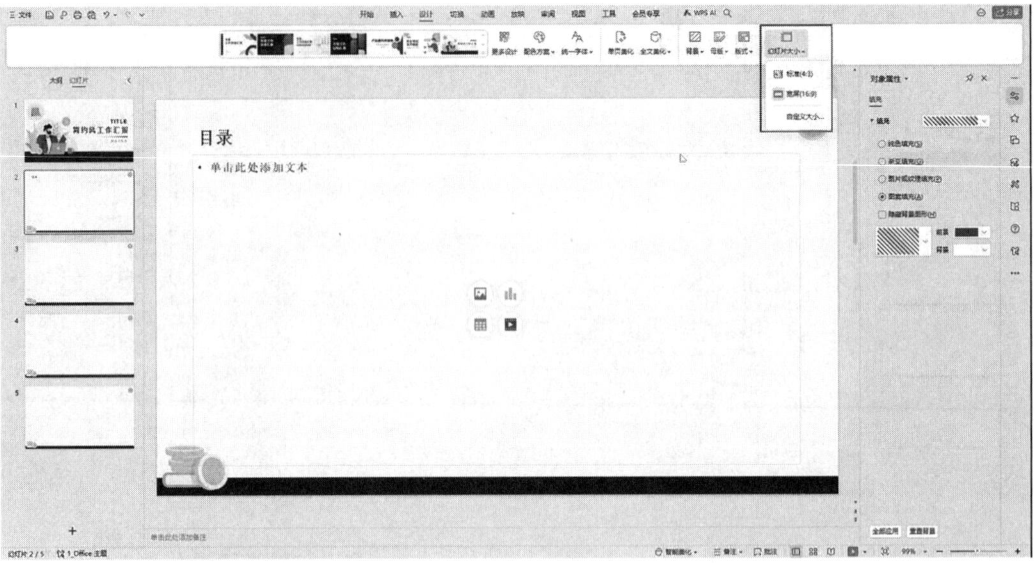

图 6-52　幻灯片大小和页面设置

【案例】

设置幻灯片大小为“35 毫米幻灯片”，并“确保适合”；整个演示文稿使用一种适当的设计模板。

【解题步骤】

①打开文件夹下的 ys.pptx 文件，在“设计”功能区中，单击“幻灯片大小”按钮，在弹出的下拉列表中选择“自定义大小”，弹出“页面设置”对话框，设置“幻灯片大小”为“35 毫米幻灯片”，单击“确定”按钮，在弹出的“页面缩放选项”对话框中单击“确保合适”按钮，如图 6-53—图 6-55 所示。

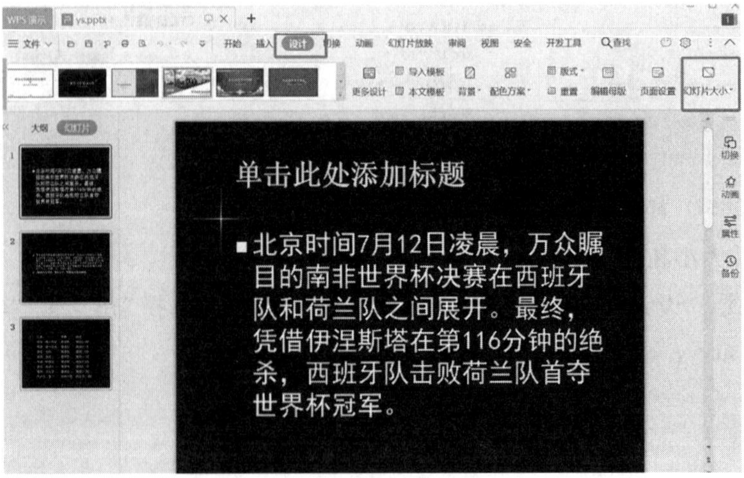

图 6-53　设置幻灯片大小 1

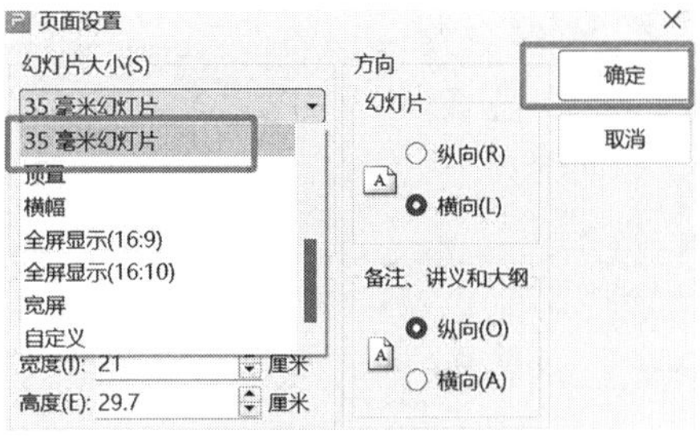

图 6-54　设置幻灯片大小 2

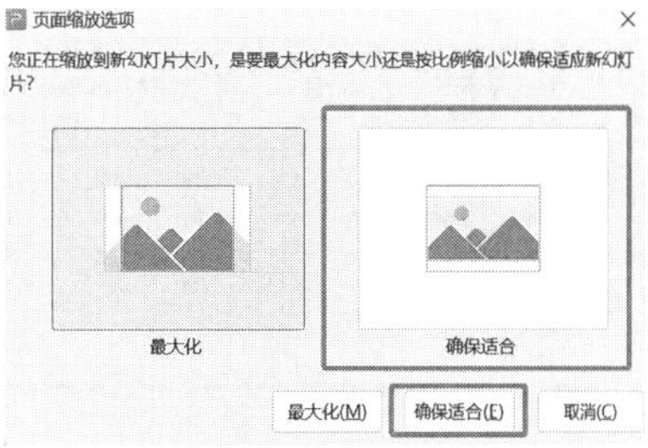

图 6-55　设置幻灯片大小 3

②在“设计”功能区中，选择任意一种“设计模板”将其应用到演示文稿中，如图 6-56 所示。

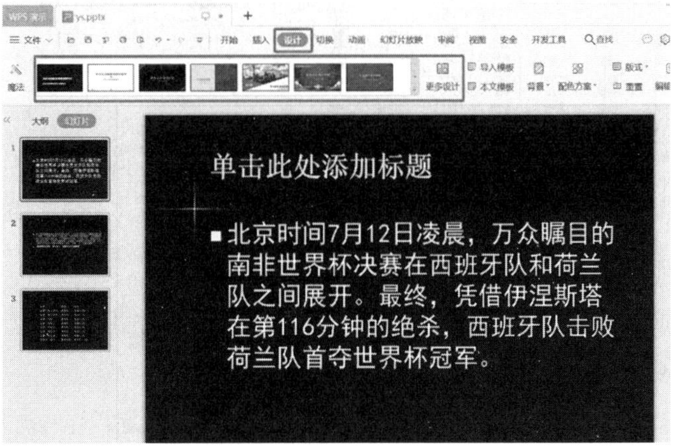

图 6-56　选择设计模板

任务二　动画设置

一份优秀的演示不只需要内容逻辑严谨清晰，文案和配图相得益彰，有时添加合理的动画效果也能使整个演示过程变得更加流畅，产生非常棒的吸睛效果。

一、切换选项卡

1. 切换效果及效果选项

（1）切换

操作方式：“切换”选项卡—> 选择切换样式，如图 6-57 所示。

（2）效果

操作方法：“切换”选项卡—> 单击“效果选项”—> 选择所需效果（不同的切换方式效果选项各不相同），如图 6-58 所示。

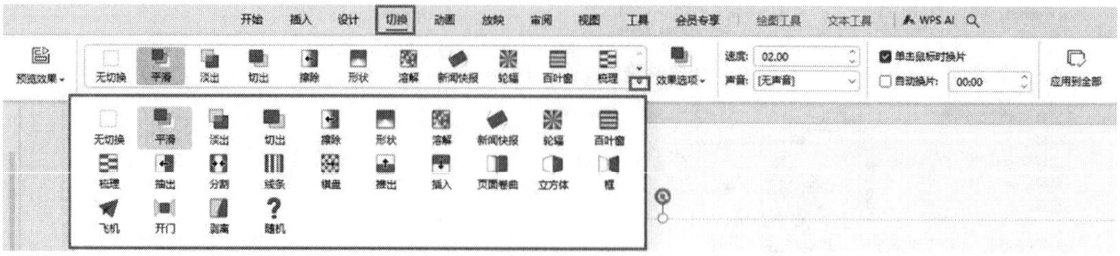

图 6-57　切换效果

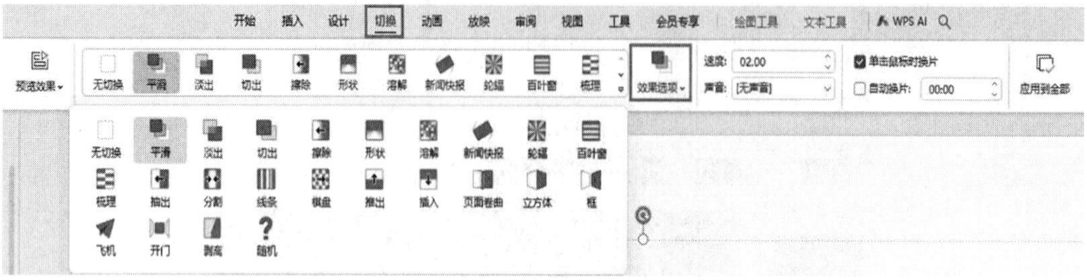

图 6-58　效果选项

2. 切换的其他操作

在幻灯片切换时可以设置切换的速度、声音，设置切换方式，以及是否应用到整个演示文稿，如图 6-59 所示。

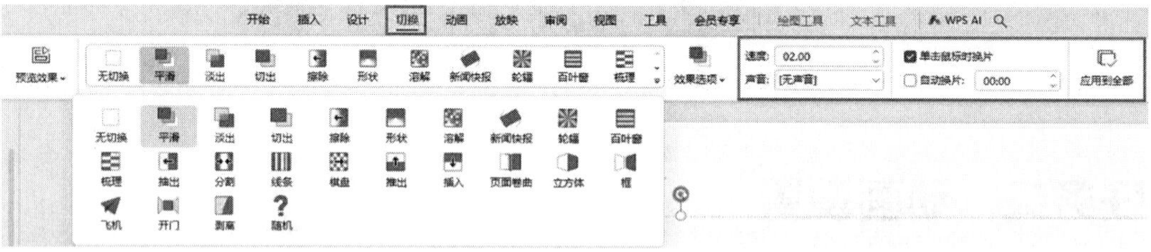

图 6-59　切换的其他操作

【案例】

为全部幻灯片统一添加“百叶窗”切换效果，第 5 张幻灯片添加预设切换声音“鼓声”。

【解题步骤】

①在“切换”选项卡中，选择“百叶窗”切换方式，并单击“应用到全部”按钮，如图 6-60 所示。

②选择第 5 张幻灯片，在“切换”选项卡中，展开“声音”下拉列表，将“声音”设置成“鼓声”，如图 6-61 所示。

③保存并关闭演示文稿，如图 6-62 所示。

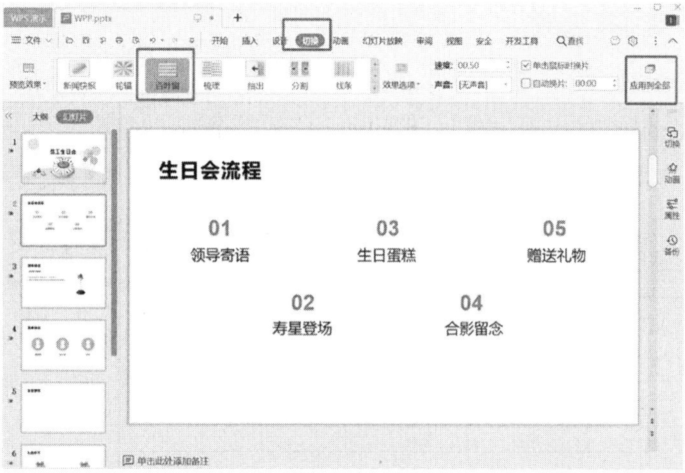

图 6-60　选择“百叶窗”

图 6-61　设置声音

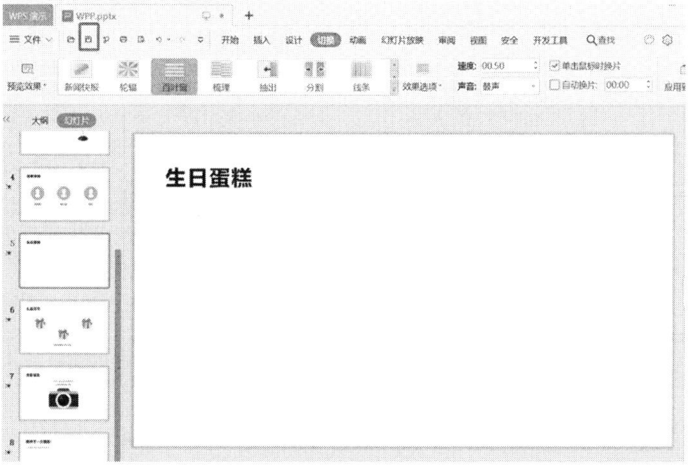

图 6-62　保存

二、动画选项卡

1. 动画效果设置

动画是幻灯片内容的出现方式，合理的动画能使整个演示过程变得流畅，引人注目。

操作方式：“动画”选项卡—> 选择动画样式，如图 6-63 所示。

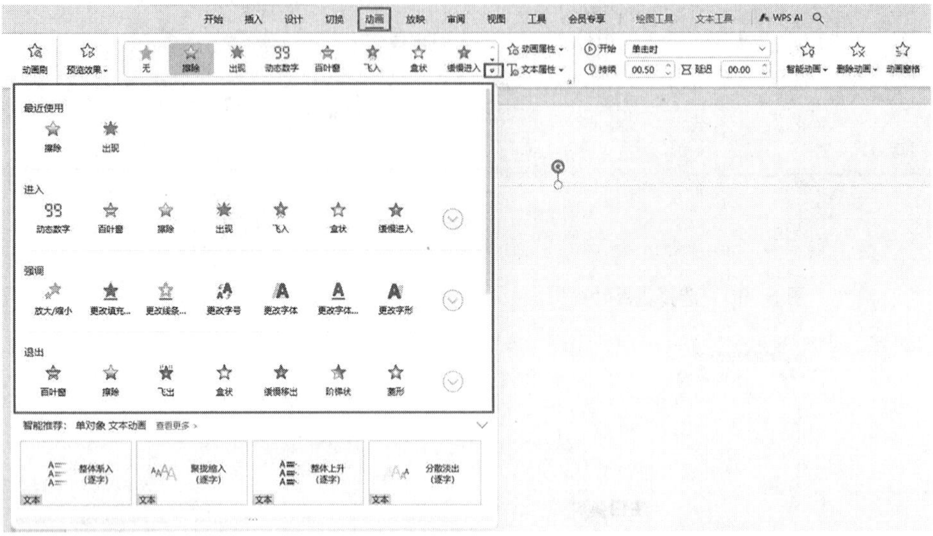

图 6-63　动画选项卡

2. 自定义动画

制作动画的时候发现动画死板，不能合理使用的时候，可以自己定义动画的属性、文本的属性以及合理出现的时间；动画窗格可以调整动画出现的顺序，如图 6-64 所示。

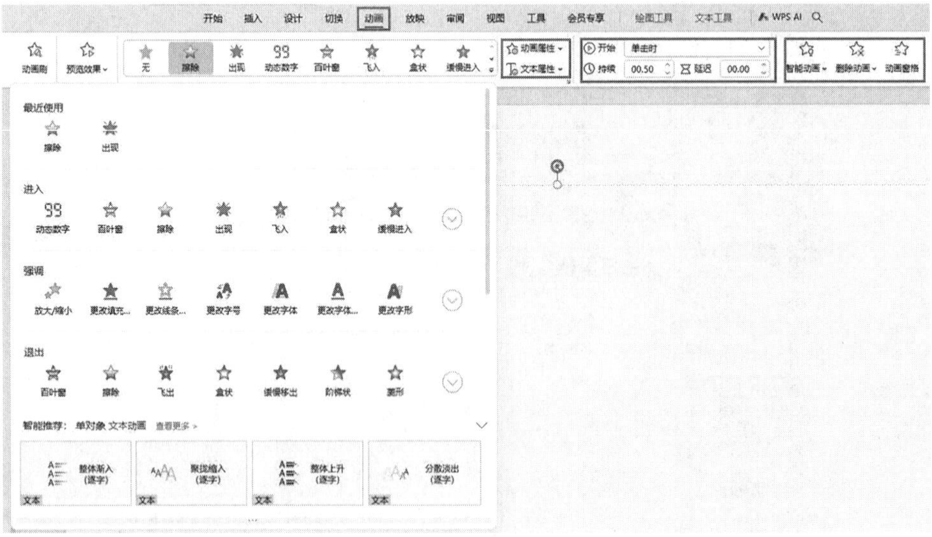

图 6-64　自定义动画

【案例】

在第 4 页幻灯片中设计动画方案。

1. 为 3 个组合图形添加预设进入动画“轮子”，辐射状为“2 轮辐图案”，速度为“快速”。

2.“组合 1”的动画开始方式为“单击时”，“组合 2”和“组合 3”开始方式均为“之后”。

【解题步骤】

①选中第 4 张幻灯片中的第一个组合图形，按住 Ctrl 键不放，再依次单击其他两个组合图形，在“动画”选项卡中，单击“自定义动画”按钮，在右侧弹出“自定义动画”窗格，单击“添加效果”下拉按钮，在弹出的下拉列表中选择“进入”“基本型”“轮子”动画，“速度”设置为“快速”，“辐射状”设置为“2 轮辐图案”，如图 6-65 所示。

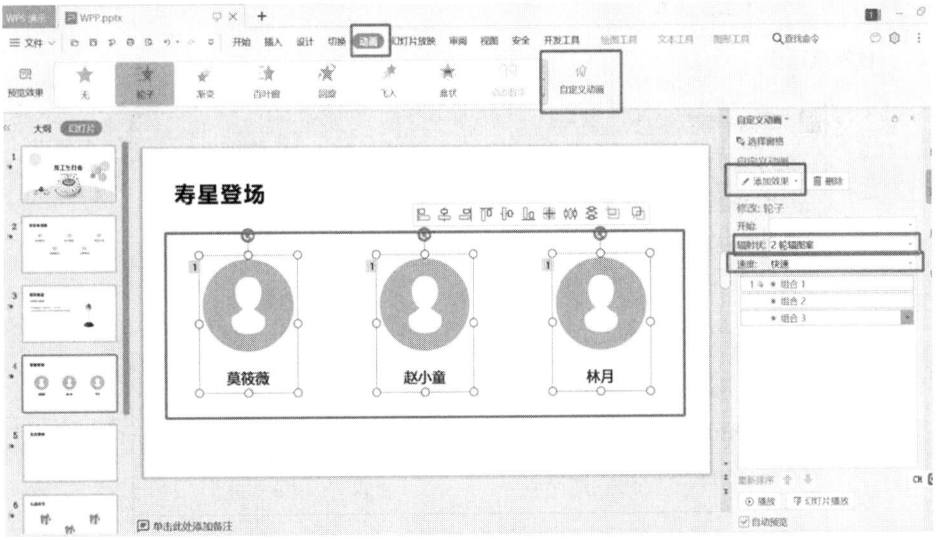

图 6-65　添加动画 1

②选中组合 2，将“开始：”设置为“之后”；同理选中组合 3 后，将“开始：”设置为“之后”，如图 6-66 所示。

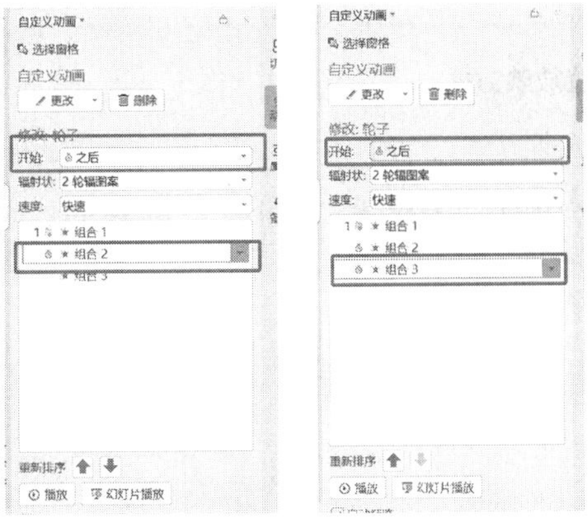

图 6-66　添加动画 2

任务三　演示技巧

一、放映选项卡

1. 放映方式设置

操作方式：“放映”选项卡—> 单击“放映设置”—> 设置放映方式，如图 6-67、图 6-68 所示。

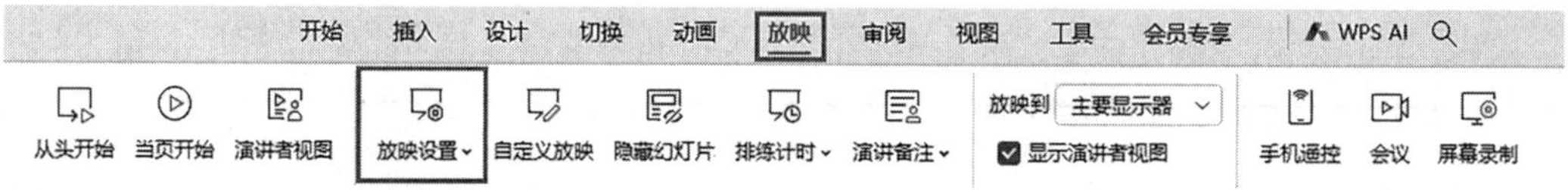

图 6-67　放映选项卡

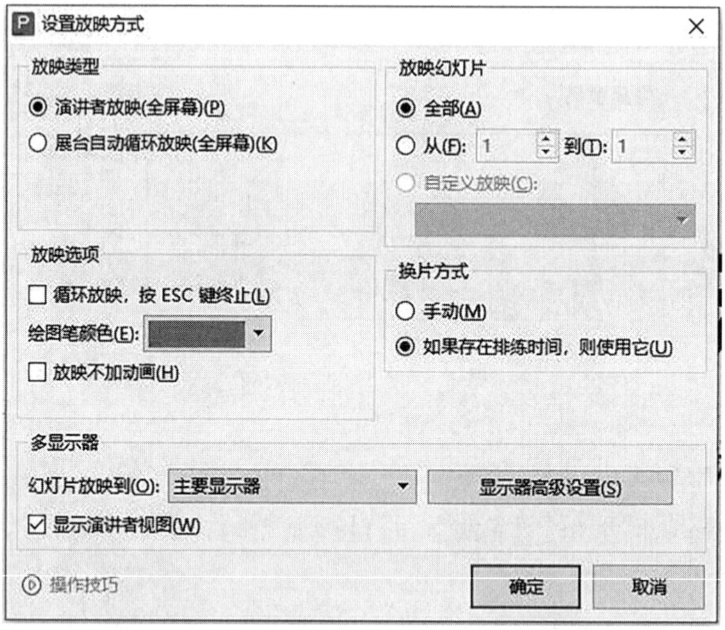

图 6-68　设置放映方式

2. 隐藏幻灯片

操作方式：“放映”选项卡—> 隐藏幻灯片（被隐藏的幻灯片会在幻灯片浏览区里面显示），如图 6-69 所示。

图 6-69　隐藏幻灯片

【案例】

设置幻灯片放映类型为“展台自动循环放映(全屏幕)”；幻灯片的切换方式全部设置为“抽出”，效果选项为“从右下”。

【解题步骤】

①切换至“幻灯片放映”选项卡→“设置放映方式”下拉选项，单击“设置放映方式”按钮，弹出“设置放映方式”对话框，勾选“展台自动循环放映(全屏幕)”，如图 6-70、图 6-71 所示，单击“确定”按钮。

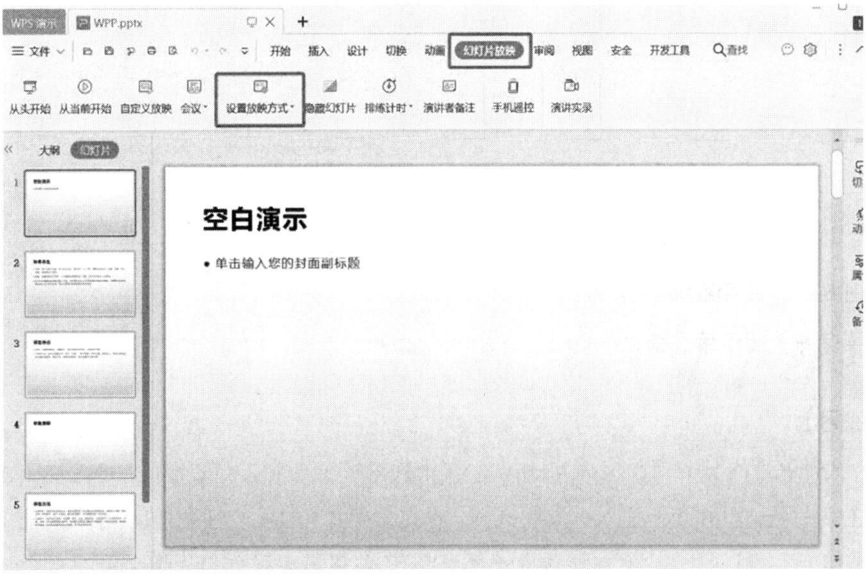

图 6-70　设置放映方式

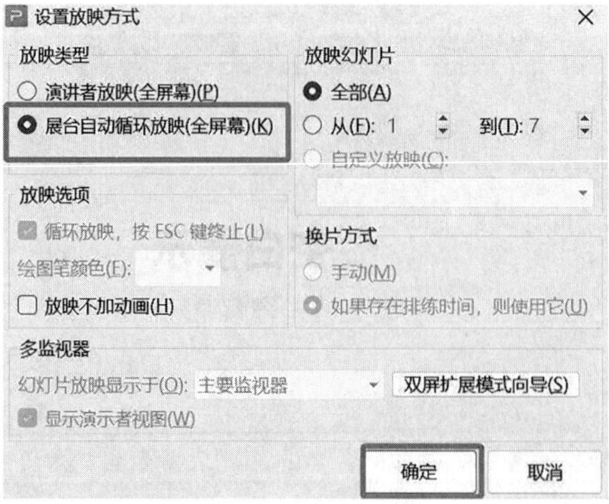

图 6-71　设置具体参数

②选中第一张幻灯片，在“切换”选项卡中，选择“抽出”切换方式，单击“效果选项”下拉按钮，在弹出下拉列表中选择“从右下”，最后单击“应用到全部”按钮，如图 6-72 所示。

图 6-72　应用到所有幻灯片

③保存并关闭演示文稿。

【真题练习】

打开文件夹下的 WPS 演示文稿 ys.pptx，按下列要求完成对文档的修改，并进行保存。

1. 在第一张幻灯片之前插入一张版式为“标题幻灯片”的新幻灯片，依次输入主标题“北京古迹旅游简介”、副标题“北京市旅游发展委员会”。将最后一张幻灯片版式更改为“空白”，并将其中的文字转换为艺术字，艺术字样式任选，艺术字字体设为黑体，字号为 80（磅）。

2. 将第二张幻灯片中文本的动画效果设置为“进入 / 回旋”，并为其中的“天坛”一词添加超链接，链接到第六张幻灯片。

3. 将第三张幻灯片的版式设为“两栏内容”，将文件夹下的图片“gugong.jpg”插入右侧的内容框中，并将该图片的动画效果设置为“进入 / 百叶窗”。

4. 将演示文稿中所有幻灯片的切换方式均设置为“水平百叶窗”；为整个演示文稿应用一种适当的设计模板。

【解题步骤】

1. ①打开 ys.pptx 文件，在左侧的“幻灯片”窗格中，单击第一张幻灯片之前的空白位置，在“开始”功能区中，单击“新建幻灯片”按钮。选中新建的幻灯片，在“开始”功能区中，单击“版式”下拉按钮，在弹出的下拉列表中选择“标题幻灯片”版式。在主标题文本框中输入文字“北京古迹旅游简介”，在副标题文本框中输入文字“北京市旅游发展委员会”。

②选中最后一张幻灯片，在“开始”功能区中，单击“版式”下拉按钮，在弹出的下拉列表中选择“空白”版式。

③选中最后一张幻灯片中的文字内容，在“文本工具”功能区中，单击选择任意一种艺术样式（以“填充 - 中紫色，着色 2，轮廓 - 着色 2”为例）。在“开始”功能区中，设置“字体”为“黑体”，设置“字号”为“80”磅。

2. ①选中第二张幻灯片中的文本框，在“动画”功能区中，单击“自定义动画”按钮，在右侧弹出“自定义动画”窗格，单击“添加效果”下拉按钮，在弹出的“下拉列表”中选择“进入”“温和型”“回旋”动画方案，最后关闭窗格。

②选中第二张幻灯片中的文字“天坛”，单击鼠标右键，在弹出的快捷菜单中选择“超链接”命令，弹出“插入超链接”对话框。在“链接到”中选择“本文档中的位置”，在“请选择文档中的位置”中选中“6. 线路 4 之天坛”，单击“确定”按钮。

3. ①选中第三张幻灯片，在“开始”功能区中，单击“版式”下拉按钮，在弹出的下拉列表中选择“两栏内容”版式。

②在第三张幻灯片中，单击右侧文本框中“插入图片”按钮，弹出“插入图片”对话框，找到并选中“gugong.jpg”图片，单击“打开”按钮。

③选中插入的图片，在“动画”功能区中，单击“自定义动画”按钮，在右侧弹出“自定义动画”窗格，单击“添加效果”下拉按钮，在弹出的下拉列表中选择“进入”“基本型”“百叶窗”。

4. ①选中第一张幻灯片，在“切换”功能区中，选择“百叶窗”切换方式，单击“效果选项”下拉按钮，在弹出下拉列表中选择“水平”；最后单击“应用到全部”按钮。

②在“设计”功能区中，选择任意一种“设计模板”将其应用到演示文稿中。

③保存并关闭演示文稿。

项目习题

1. 演示文稿储存以后，默认的文件扩展名是（　　）。

A..ppt　　B..eze　　C..bat　　D..brp

2. 在演示文稿菜单中，提供显示和隐藏工具栏命令的是（　　）菜单。

A.“格式”　　B.“工具”　　C.“视图”　　D.“编辑”

3. 在下列演示文稿的各种视图中，可编辑、修改幻灯片内容的视图是（　　）。

A. 普通视图　　B. 幻灯片浏览视图　　C. 幻灯片放映视图　　D. 都可以

4. 幻灯片上可以插入（　　）多媒体信息。

A. 音乐、图片、Word 文档　　B. 声音和超链接

C. 声音和动画　　D. 剪贴画、图片、声音和影片

5. 演示文稿的母版有（　　）种类型。

A.3　　B.5　　C.4　　D.6

6. 演示文稿的“超级链接”命令可实现（　　）。

A. 幻灯片之间的跳转　　B. 演示文稿幻灯片的移动

C. 中断幻灯片的放映　　D. 在演示文稿中插入幻灯片

7. 在幻灯片中，将同时选中的多个对象进行组合，需按鼠标左键和（　　）。

A.Ctrl 键　　B.Insert 键　　C.A1t 键　　D.Shift 键

8. 在演示文稿编辑状态下，采用鼠标拖动的方式进行复制，要先按住（　　）键。

A.Ctrl　　B.Shift　　C.Alt　　D.Tab

9. 在演示文稿的幻灯片浏览视图下，不能完成的操作是（　　）。

A. 调整个别幻灯片位置　　B. 删除个别幻灯片

C. 编辑个别幻灯片内容　　D. 复制个别幻灯片

10. 在演示文稿中，“背景”设置中的“填充效果”所不能处理的效果是（　　）。

A. 图片　　B. 图案　　C. 纹理　　D. 文本和线条

11. 要从一张幻灯片“溶解”到下一张幻灯片，应使用“幻灯片放映”菜单的（　　）命令。

A. 动作设置　　B. 动画方案　　C. 幻灯片切换　　D. 自定义动画

12. 下列各命令中，可以在计算机屏幕上放映演示文稿的是（　　）。

A.“工具”菜单的“观看放映”命令　　B.“视图”菜单的“幻灯片放映”命令

C.“编辑”菜单的“幻灯片放映”命令　　D.“视图”菜单的“幻灯片浏览”命令

13. 在演示文稿中保存演示文稿时，若要保存为“演示文稿 放映”文件类型时， 其扩

展名为（　　）。

A..txt　　B..ppt　　C..pps　　D..bas

14.下列关于幻灯片打印操作的描述不正确的是（　　）。

A. 不能将幻灯片打印文件　　B. 彩色幻灯片能以黑白方式打印

C. 能够打印指定编号的幻灯片　　D. 打印张大小由“页面设置”命令定义

15. 关于幻灯片切换，下列说法正确的是（　　）。

A. 可设置进入效果　　B. 可设置切换音效

C. 可用鼠标单击切换　　D. 以上全对